佐々木正悟＋海老名久美
SASAKI SHOGO + EBINA KUMI

たった1日で即戦力になるMacの教科書

技術評論社

免責

商標、登録商標について

はじめに

「Macを買ったはいいけれど、もう少し使い込めそうな気がする」
「WindowsからMacに移行してしばらく経つけど、おしゃれという以外、あんまりMacの魅力にふれられている気がしない」
「Macの情報が欲しいけれど、専門的なものはグラフィックやデザインのことばかり。もっと自分の仕事のためにMacを役立てたい」

本書は、そういった不満をお持ちの方のための本です。
これまでMacの本といえば、大ざっぱに分けて、だいたい次の3つのうちのいずれかでした。

1. とにかく初心者向け。トラックパッドで「ファイル」を開くためのやり方から解説してある
2. プログラミングなどが解説された、とてもくわしい人のための本
3. デザイナーやイラストレーターのための本

この本は、1.の99%は知っていて、2.だと1%くらいしか知らなくて、3.の知識は必要ない、という人のための本です。
本書のような本がどうしても欲しいと思っていたのは、ほかならぬ筆者自身でした。たまに大きな書店に立ち寄ることがあればMac本のコーナーを見て回ってきましたが、自分が欲しいと思える本は不思議にも1冊もない。こんなに本があるのに、欲しい本が1冊もないというのは、とても変だと思いました。それでくわしい人にたずねて回っても、

「そんなMac本があるわけがない。なぜなら、あっても売れないからだ」

と言われるばかり。どうにも納得がいきません。Macユーザーというのは、

初心者か、プログラマーか、そうでなければデザイナーなのでしょうか？
筆者のまわりには、初心者でもなければデザイナーでもなく、プログラマーでもないMacユーザーがたくさんいます。
そんなたくさんいるはずの「ふつうのMacユーザー」が、自分の仕事にMacを役立てるために必要な知識、たとえば異なるアプリケーション同士を連携させたり、作業に合わせた効率的な文書作成方法を選択したり、スッキリしたデザインのプレゼン資料を短時間で作成するなどのやり方を詰め込んだのが、この本なのです。
仕事でMacを使うといえば、ほかにも「メールの受信箱をいつも空っぽにしておきながら、いざというときに必要なメールをすばやく検索する」「紙の手帳から完全に解放されて、見やすいクラウドカレンダーを使ってスケジュール管理をする」などといったこともあります。さらには、手になじむ高機能なテキストエディタでドキュメントを作成したり、美しく写真を編集することまで求められるかもしれません。それらいずれをも、苦労することなく、効率的にさばけるのがMacのはずです。本書は、以上を網羅的にまとめた本に仕上がったと自負しています。
しかし、筆者が本書でお伝えしたかったことは、もう1つあります。それは、せっかくの「Macを使っている」という感覚を失わずに使い続ける方法です。
わざわざMacを購入するとき、Windowsパソコンとは「違った気持ち」を求める人が多いはずです。家電量販店でも会社でも、ふつう目にするのは「パソコン」であり、そのOSはWindowsであることが一般的でしょう。
操作性が違うし、今ではバカ高いというわけではないにせよ格安でもないMacを買うからには、それなりの理由があるはずです。その理由はユーザーによってさまざまでしょうが、なんとなく共通していることとして、文書作成であれ写真編集であれ、チープな画面を前に、気分も乗らないまま「パソコン作業」に明け暮れていたくない、ということではないでしょうか。
しっかりとした仕事机でプロジェクトの計画をまとめることと、ひっくり返したミカン箱の上で作業報告書を書き込むのとは、やることが似ていてもやっぱり違うものです。この例は極端すぎるかもしれませんが、「仕事机で仕事をする」感覚は、Macのほうがもたらしてくれると思うのです。

その感覚を維持して、仕事にMacを使えるようになること。
「表計算データを打ち込むパソコン作業員」になってしまわないようにすること。

それが、本書で最もお伝えしたいことです。その目的を読者のあなたと共有できればうれしく思います。

2017年2月吉日　佐々木正悟

目次

複数のウィンドウを1画面で鳥瞰的に表示する～Mission Control

通知をしっかり設定して仕事もプライベートも能率アップ

メニューバーを「完全自分仕様」にカスタマイズする

ファイルの一括処理やフォルダの操作を楽にする

第3章 スタイリッシュに成果を手に入れる

写真を自在に整理する

第4章
押し寄せる仕事を効率的に捌く

第1章

Macで
つまずかない
ための
7つのポイント

MacをMacらしく使うためのアプリを入れる

真新しいMacを前にしたあなたは、きっとクリスマスプレゼントを開いたばかりの子どものような心境ではないかと思います。高性能・高機能を期待するのは当然のこと。

「テキスト入力にしてもイラスト作成にしても、あるいはプレゼンの資料作成やスケジュール管理すらも、胸が高鳴るような高いモチベーションで作業に集中できるはず」

Macの外観といい、アプリのインターフェースといい、そんな期待を抱かせてくれます。

しかし、残念ながら、そうした期待がどこかで維持できなくなる場合も少なくありません。

「結局、気がついてみると、立ち上げるソフトといえばおなじみのオフィスアプリやWebブラウザばかり、やっていることはメールチェックだったり表計算ソフトへの入力作業だったり……」

それだったら、Macを使おうとWindowsを使おうと、たいして変わりがありません。

しかし、そうなってしまう原因は、MacをMacらしく使う方法やアプリを知らないだけのことかもしれません。

さらに、Windowsでもおなじみかもしれませんが、パソコンというのは高機能・高性能であるがゆえに、使い途によっては作業以外のストレスにさらされます。ちょうど新築の家に引っ越したときのようなものです。新しい空間を活用して、まったく新しい生活をスタートさせようとしているのに、荷ほどきやら、掃除やら、メンテナンスだけでくたくたになっているうちに生活が始まってしまう――「新しく素晴らしい生活」がいつになったら始められるのか見当もつかないというストレスです。

そうならないためにも、まずMacアプリをインストールする方法から押さえていきましょう。その後、MacをMacらしく使うために知っておきたいアプリを紹介していきます。新しいアプリを1つ、また1つと知るにつれて、あなたのMac環境を充実させることができるでしょう。その先に、夢見る作業環境の構築があります。

ほかにも、Macを使ううえでどうしても避けられない、いくつかの基本的なメンテナンス方法も、1つ1つていねいに解説していきます。これだけ押さえておけば、「いつになってもMacを楽しむ段階まで行き着けない」というストレスから解放されるでしょう。

表示されていないアプリを確認しよう

Macを起動して、次に何をやるにしても、まずはアプリを起動する必要があります。初期設定では、画面の下に、おもなアプリのアイコンが表示されています。この部分をDock（ドック）といいます。Dockは、アプリやフォルダのアイコンを置いておいて、かんたんに起動したり表示したりできるようにしておける場所です。

▼Dock

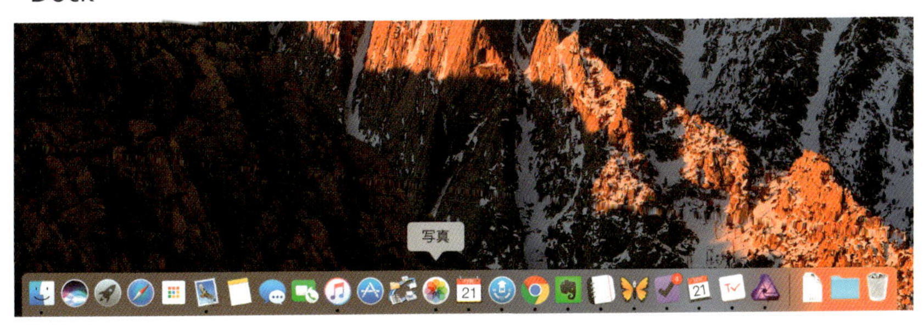

ただ、Dockに表示されているのは、アプリの中でもほんの一部です。

Dockに表示されている以外にも、あらかじめインストールされているアプリはあります。

アプリは、「アプリケーション」フォルダ内にインストールされています。「アプリケーション」フォルダを表示するには、「Finder」のウィンドウで、「よく使う項目」一覧から「アプリケーション」を選択します。「Finder」は、Windowsのエクスプローラにあたるもので、フォルダやファイルを一覧表示したり、ディレクトリ間を移動したりするのに使います。

▼Finder

アプリをインストールする3つの方法

Macでアプリをインストールする方法は、おもに3つあります。

❶ App Storeからアプリをインストールする

DockのApp Storeアイコンをクリックするとジャンプできる App Store

には、有料または無料のMac用アプリがそろっています。App Storeでは、ボタンの表示に従ってクリックしていけば、購入手続きからインストールまでがかんたんに済みます。

App Storeでは扱われていない、インターネット上で見つけた無料または有料のアプリの場合は、次の2つの方法のいずれかでインストールします。

❷ アプリをダウンロードしてインストールする

アプリは、拡張子（ファイル名の最後につく、ファイルの種類を表す文字列）が「.app」となっています。

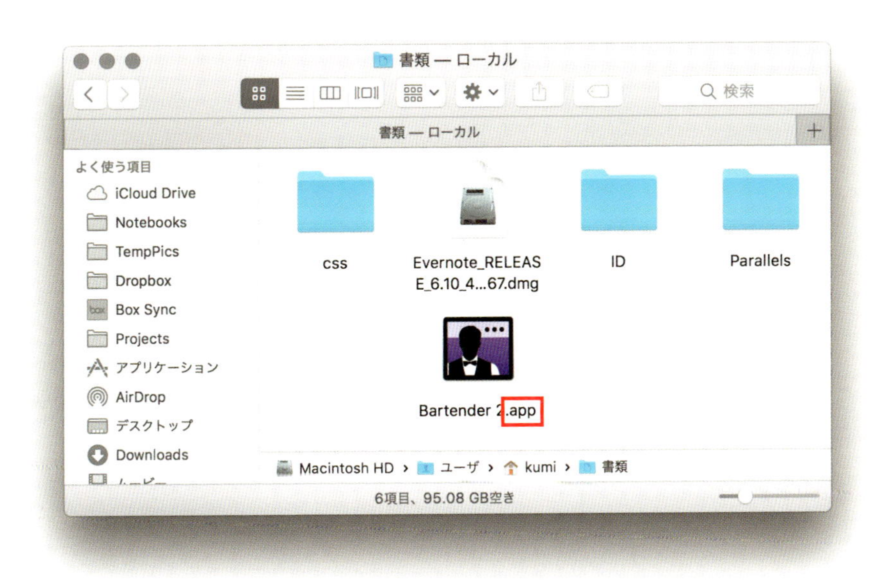

拡張子が「.app」の場合は、「アプリケーション」フォルダにそのアプリをドラッグ＆ドロップすれば、インストールが完了します。

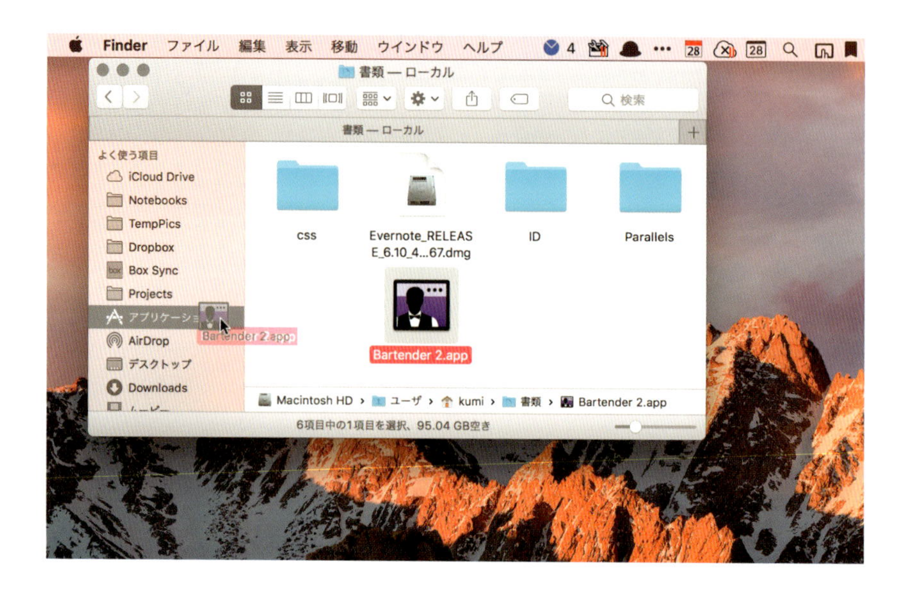

❸ インストーラをダウンロードしてインストールする

アプリのインストーラの場合は、拡張子が「.dmg」となっています。

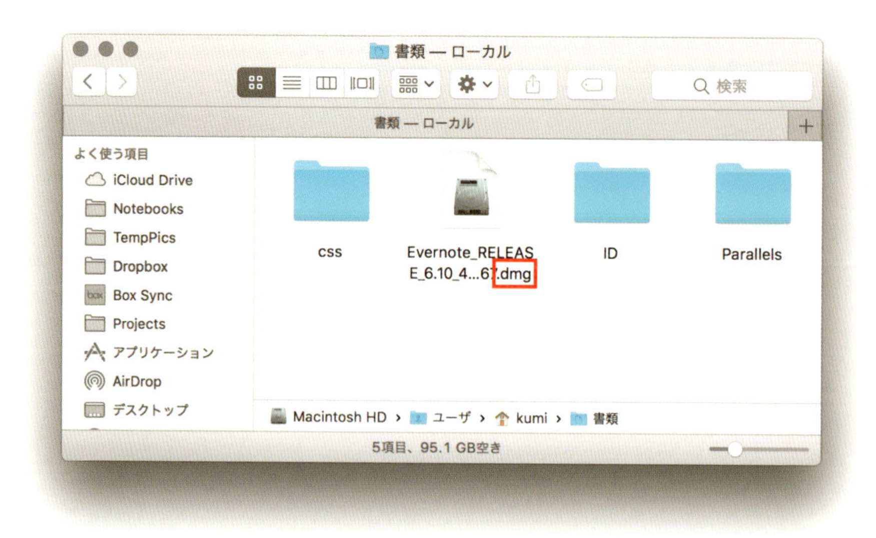

「.dmg」の場合は、そのファイルをダブルクリックすると、ダイアログボックスが表示されて、インストールの手続きが開始されます。Windowsでアプリをインストールする場合と同じように、ダイアログボックスの指示に従ってアプリをインストールします。

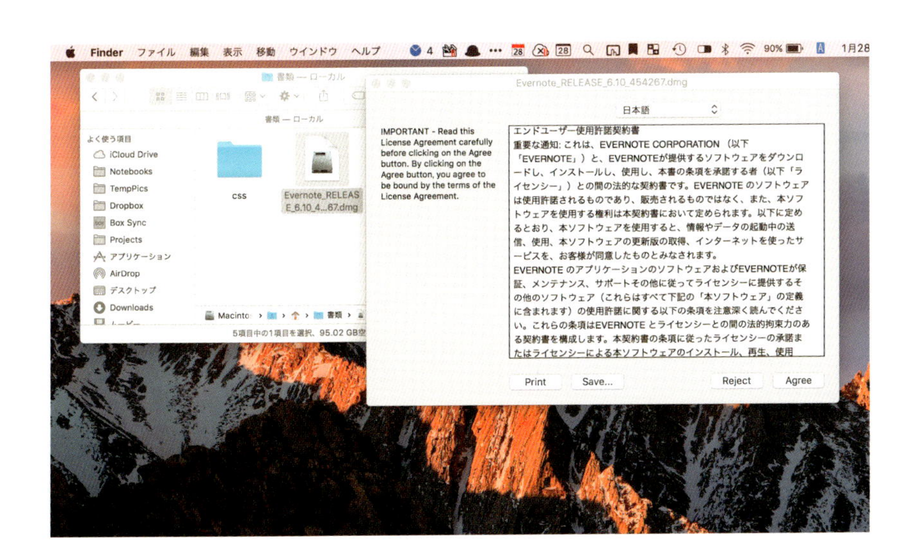

なお、デフォルトのままでは、拡張子は表示されません。たとえば、「テキスト.txt」という名前のテキストファイルも、「Finder」上は「テキスト」と表示されます。これは、「難しいことはなるべくユーザーにさせない」というAppleの理念に基づく設定です。

しかし、仕事などでは、拡張子が見えていないと不便でしかたありません。ファイルの拡張子を表示するには、「Finder」→「環境設定」を選択すると表示されるウィンドウで、「詳細」を選択し、「すべてのファイル名拡張子を表示」をオンにしておきましょう。

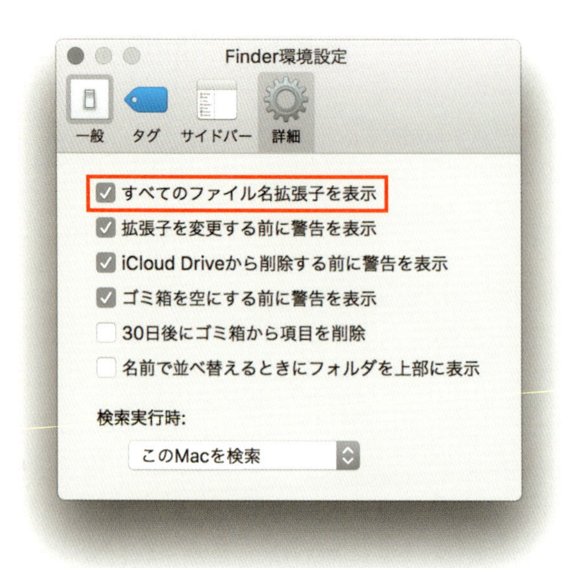

アプリをアンインストールする2つの方法

逆に、アプリをアンインストールする方法は、おもに2つあります。

❶ アプリをゴミ箱にドラッグ&ドロップする

アプリをアンインストールする最も基本的な方法は、「アプリケーション」フォルダ内のアプリのアイコンを、そのままDockのゴミ箱にドラッグ&ドロップすることです。そうしてゴミ箱を空にすれば、完全にアプリを削除できます。Windowsに慣れていた人からすると、ちょっと違和感があるかもしれません。

❷ アプリのアンインストーラを使ってアンインストールする

アプリによっては、最初にダウンロードした際、アンインストーラも同梱されている場合があります。この場合、アンインストーラをダブルクリックして、ダイアログボックスの指示に従います。Windowsではおなじみのアンインストール方法です。

アプリをゴミ箱に捨てるだけでアンインストールできるのはかんたんでいいのですが、じつは関連するファイルがハードディスクに残されたままになることがあります。そうした関連ファイルまでまとめて削除したい場合は、アプリのアンインストール専用のアプリを利用すると便利です。有名なのは「AppCleaner」で、公式サイト（以下）からダウンロードできます。

http://freemacsoft.net/appcleaner/

▼AppCleaner

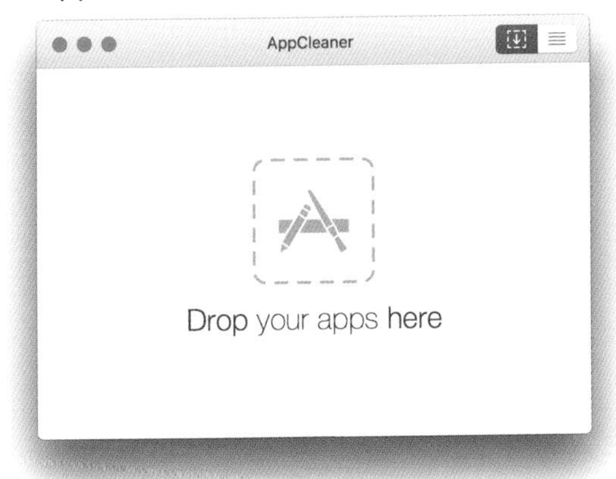

macOSを
きちんとアップデートする

Windowsに比べるとストレスがない

「これからさっそくMacを活用したい」という気持ちに水を差すようで申し訳ないのですが、今やMacにせよWindowsにせよ、パソコンを使うとなると避けられないのがOSのアップデートです。特にWindowsのアップデートといえば、いったん始まると、完了するまで作業ができなくて困惑したり、勝手におこなわれて既存のソフトウェアが動かなくなるトラブルに見舞われたりと、あたかも「余計なこと」であるかのように嫌われています。設定を変更すればその煩わしさもある程度はコントロールできるのですが、その設定がどこにあるのかも若干わかりにくいように感じます。

その点、Macの場合は、まずアップデートの頻度がWindowsほど多くはありません。また、アップデート用のデータをバックグラウンドでダウンロードしておいて、都合のいいときにインストールすることもでき、その設定もかんたんです。Windowsの場合は、OSのアップデート後は必ずパソコンの再起動が必要ですが、Macの場合は再起動が必要ないアップデートもあります。アップデートというアクションに関しては、MacはWindowsに比べて、ストレスを感じることがほとんどありません。

macOSのアップデートについての設定

macOSのアップデートは、アプリのインストールと同じように、App Storeでおこないます。

macOSのアップデート関連の設定も含めて、Macのおもな設定は、すべて「システム環境設定」でおこないます。「システム環境設定」は、Macの画面上部にあるツールバーの左端にあるApple（りんご）アイコンをクリップすると表示されるメニューから、「システム環境設定」を選択すると表示されます。

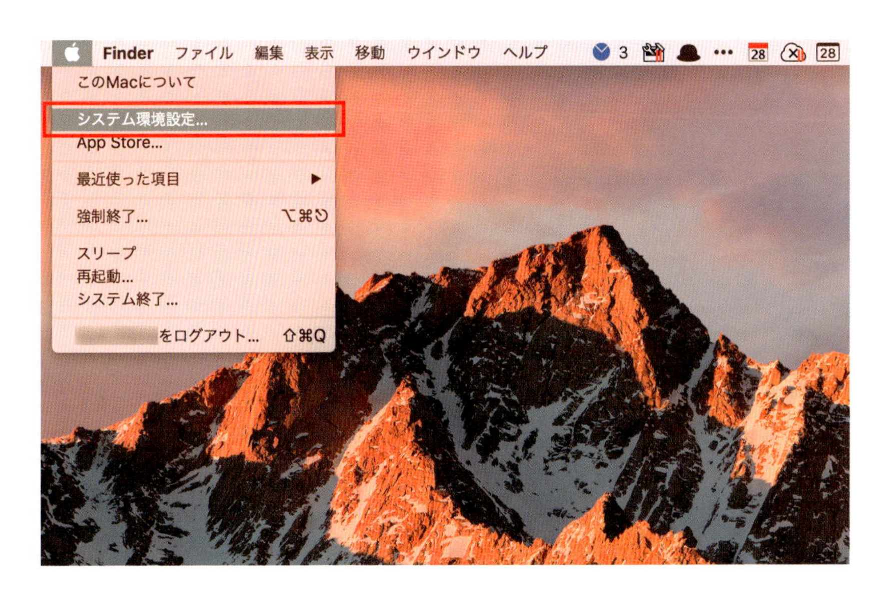

このAppleのアイコンは、どのアプリを使っていても、位置と表示方法が変わらないので、いつでもアクセスしやすく便利です。「システム環境設定」の中に「App Store」というアイコンがあるので、これをクリックすると、アップデートに関する設定を変更できます。

アップデートがある場合は、App Storeの「アップデート」欄に、ほかのアプリと同様に、アップデートの詳細が表示されます。

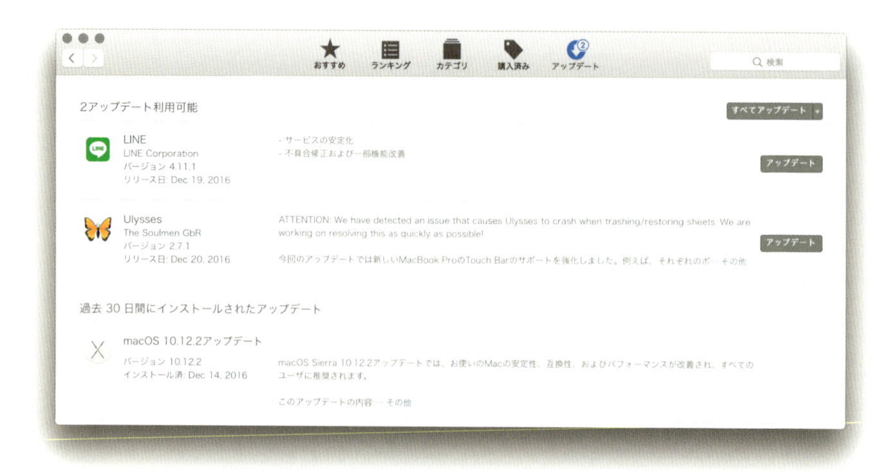

それとは別に、次のようなことを個別に設定できます。

- アップデートをバックグラウンドで自動的にチェックするかどうか
- アップデート用のデータを自動的にダウンロードするかどうか

勝手にアップデートされたくない場合は、「アップデートを自動的に確認」自体をオフにしてもいいのですが、ダウンロードだけはバックグラウンドで完了させておいて、インストールのみを好きな時にするほうが便利です。以下のようにしておくといいでしょう。

- 「新しいアップデートをバックグラウンドでダウンロード」のみをオンにする
- 「～をインストール」とある3つのオプションはオフにしておく

「いつでも最新の状態で使いたいから、勝手にインストールまで済ませておいてほしい」ということであれば、インストール関連のオプションもオンにしておきましょう。

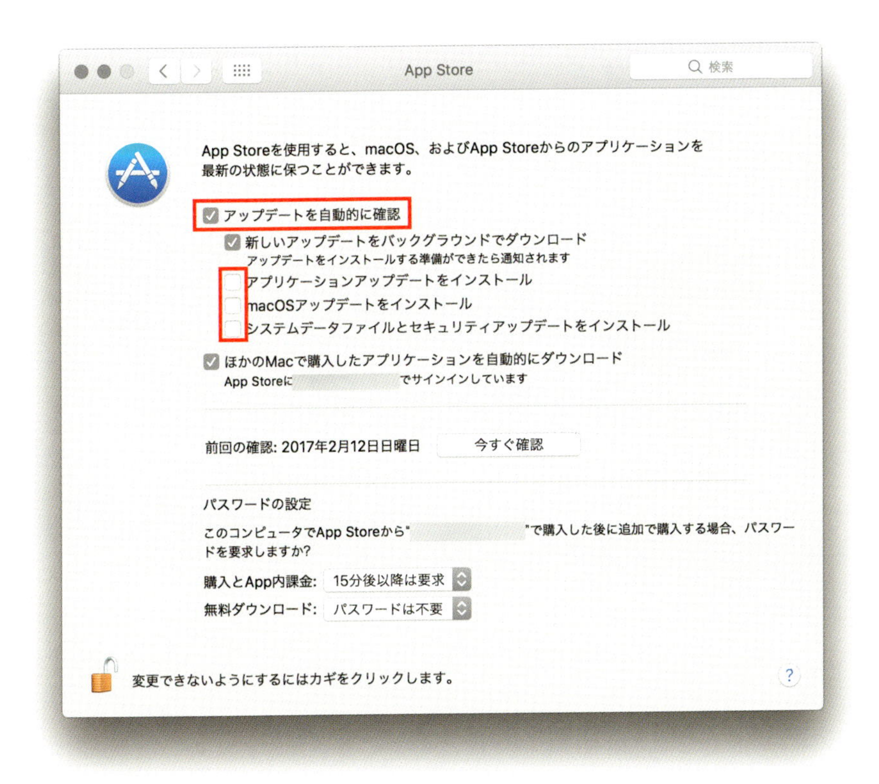

アップデートで注意すべきこと

macOSのアップデートは、バグの修正、セキュリティ関連の修正、新機能の追加、iOSとの連携強化などが必要なときに、随時おこなわれます。大きなアップデートがある場合はパソコンを再起動する必要がありますが、セキュリティアップデートなどの小さなアップデートの場合はパソコンを再起動しなくてもかまいません。

macOSのバージョンは、Appleアイコンをクリックすると表示されるメニューから、「このMacについて」を選択すると表示されるウィンドウで確認できます。

ただし、OSの名前が「Yosemite」から「El Capitan」に変わるなど、メジャーアップデートの場合は注意が必要です。つまり、「El Capitan」が「バージョン10.xx」であるのに対して、「バージョンが11」に上がるなど、小数点以下の数字ではなく、整数が変更になる場合です。

メジャーアップデートの場合、メール、Safari、Pagesなどの公式アプリも同時にアップデートされるので、公式アプリに関しては心配はいらないのですが、サードパーティ製のアプリを使っている場合は、注意しなくてはなりません。なぜなら、アプリが新しいOSのバージョンに対応していないと、動かなくなることがあるからです。特に、Adobe社製のIllustratorやPhotoshop、Microsoft社製のWordやExcelなどは、使っている人が多いアプリですし、動かなくなると仕事が進まなくなる可能性が高いです。メジャーアップデートがあっても、すぐにアップデートすることは控えて、公式サイトで対応状況を確認してからアップデートするのが賢明です。

自分に合った テキスト入力環境を 使い分ける

Macを使っていてすぐにストレスになるのは、もしかすると日本語入力という作業かもしれません。これは筆者が物書きで、文章入力ばかりしているからともいえないように思います。

文章をMacに打ち込むというのは、何かとめんどうくさいものです。アプリのデザインがどれほど優れていても、フォントの装飾機能がどんなに華やかにそろっていても、結局文章を打ち込むという作業自体は、20年前からあまり変化していません。考えてはキーボードを叩き、漢字変換する、その繰り返しです。

もしも、iPhoneのイヤフォンのような装置を耳につけるだけで、自分の思考を自動的にテキスト化できるようなガジェットが登場したら、じつにスマートですね。未来にはそんなことも可能になるかもしれませんが、まだ現実的ではありません。

Spaceキーで漢字の変換候補が表示される

それでもMacには、文章入力のストレスを少しでも軽減してくれるような機能がそろっています。多様な日本語入力システムもそのなかに入るでしょう。

もちろんMacには、標準の「日本語入力システム」が備わっており、WindowsのIMEと同じような形式で、日本語も英数字も入力することができます(El Capitanの前のmacOS「Yosemite」からは、日本語入力システムが「ことえり」ではなくなりました)。

Macでは、一定数の文字列を入力したら、Spaceキーを押すと漢字の変換候補が表示されます。すなわち、SpaceキーがWindowsの変換キーに当たるのです。Windowsでも、通常はSpaceキーの横に変換キーがあるので、キーの位置としてはあまり変わらないと思います。Spaceキー全体が変換キーとして機能し、右手の親指の位置をそれほど移動しなくても変換候補を出せるため、むしろ手への負担が少なくて済みます。

作業に応じてライブ変換のオン／オフを切り替える

じつは、El Capitanからは、入力の最中にSpaceキーを押して変換候補を出すことさえしなくてもよくなりました。なぜなら、「ライブ変換」という機能が追加されたからです。ライブ変換は、文や単語の切れ目を自動的に判別して、文の流れに一番ふさわしいと判断した漢字に変換してくれます。

ただ、文章の入力に慣れていて、特にタッチタイピングまでできるくらいの人になると、このライブ変換の「操作しなくていい」という状態に慣れないかもしれません。文の途中で「変換候補を出して選択する」という動作をしなくていいことが、かえってかなりのストレスになるからです。

たとえば、この本の原稿のように、文章を考え、最適な言い回しを練りながら入力するような状況には、ライブ変換は向いていません。文章の途中で考え込んでいて、手が止まっていると、変換の途中で確定してしまい、結局入力し直さなければいけなくなって、二度手間になるからです。

ただし、状況によっては、このライブ変換は非常に便利です。筆者は、普段は「ATOK」というジャストシステムの入力システムを利用していますが、テープ起こしの仕事をするときは、ライブ変換機能をオンにして入力作業をしています。音声を聞き取りながら入力し続けていけば、自然に変換してくれるので、「変換候補を出して選択する」という時間を取らずに済み、作業にかかる時間を大幅に短縮できるからです。

ライブ変換機能は、オン／オフを切り替えられます。状況に応じて使い分けができるのは、本当に便利です。

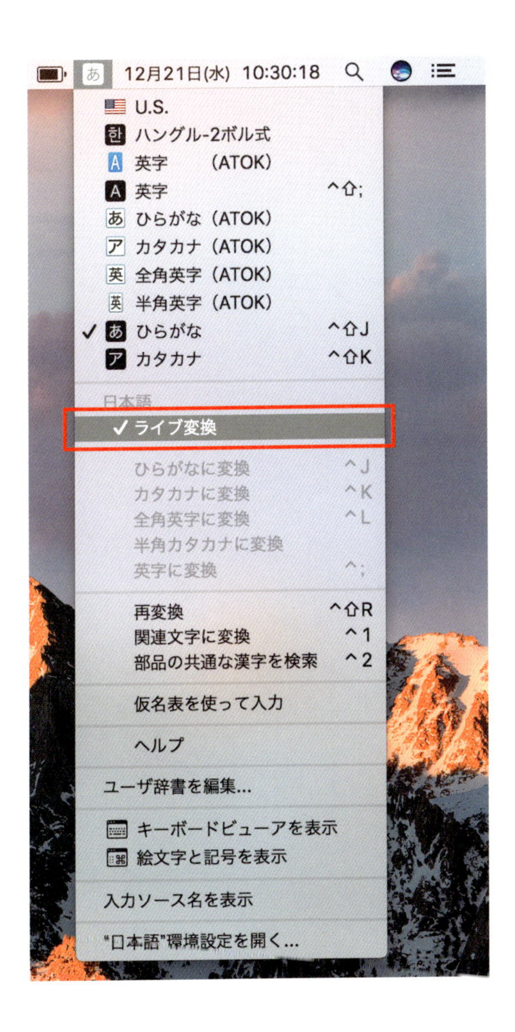

12月21日(水) 10:30:18
U.S.
ハングル-2ボル式
英字 (ATOK)
英字 ^⇧;
ひらがな (ATOK)
カタカナ (ATOK)
全角英字 (ATOK)
半角英字 (ATOK)
✓ ひらがな ^⇧J
カタカナ ^⇧K
日本語
✓ ライブ変換
ひらがなに変換 ^J
カタカナに変換 ^K
全角英字に変換 ^L
半角カタカナに変換
英字に変換 ^;
再変換 ^⇧R
関連文字に変換 ^1
部品の共通な漢字を検索 ^2
仮名表を使って入力
ヘルプ
ユーザ辞書を編集...
キーボードビューアを表示
絵文字と記号を表示
入力ソース名を表示
"日本語"環境設定を開く...

文字化けやおかしな改行のストレスをゼロにする

「読めない文字を読まなければならない」というのは、それだけでもストレスです。以前、筆者が派遣社員として会社業務していた頃、上司からわたされるメモの中に、1文字として判読可能な文字がないのがストレスでした。「達筆」なのかもしれませんが、文字どおり（？）ミミズがのたくっているばかりで、どうがんばっても読むことができない。そして、聞きに行くと怒られる。

「文字化け」は、それとはずいぶん違いますが、読めない点は同じです。ストレスになることに違いはありません。

文字化けを起こすようでは“スタイリッシュ”にはほど遠いでしょう。この世に異なるOSがある限り、文字化け問題と戦うことは避けられません。そのためにはどうしても、ほかではめったに登場しない専門用語や考え方をほんの少しだけでいいので押さえておく必要があります。

エンコードが違うと文字が正しく表示されない

Windowsを使っている人と、Macを使っている人との間でファイルをやりとりすると、相手側に渡ったファイルやメールが文字化けして読めないことがあります。そもそも、文字の表示方法には「エンコード」による違いがあり、WindowsとMacとでは、デフォルトで利用されている文字のエンコードが異なるアプリ（ソフトウェア）があるため、文字が正しく表示されない（＝文字化けする）ことがあるのです。

たとえば、Macで標準アプリの「テキストエディット」でテキスト形式(.txt)のファイルを作成すると、デフォルトのエンコードは「UTF-8」です。ところが、Windows側では、UTF-8のファイルを開いても文字化けしてしまうことがあります。その場合は、「Shift-JIS」というエンコードでファイルを保存し直してから渡すと、たいていの場合、文字化けしなくなります。

▼UTF-8の文字化け

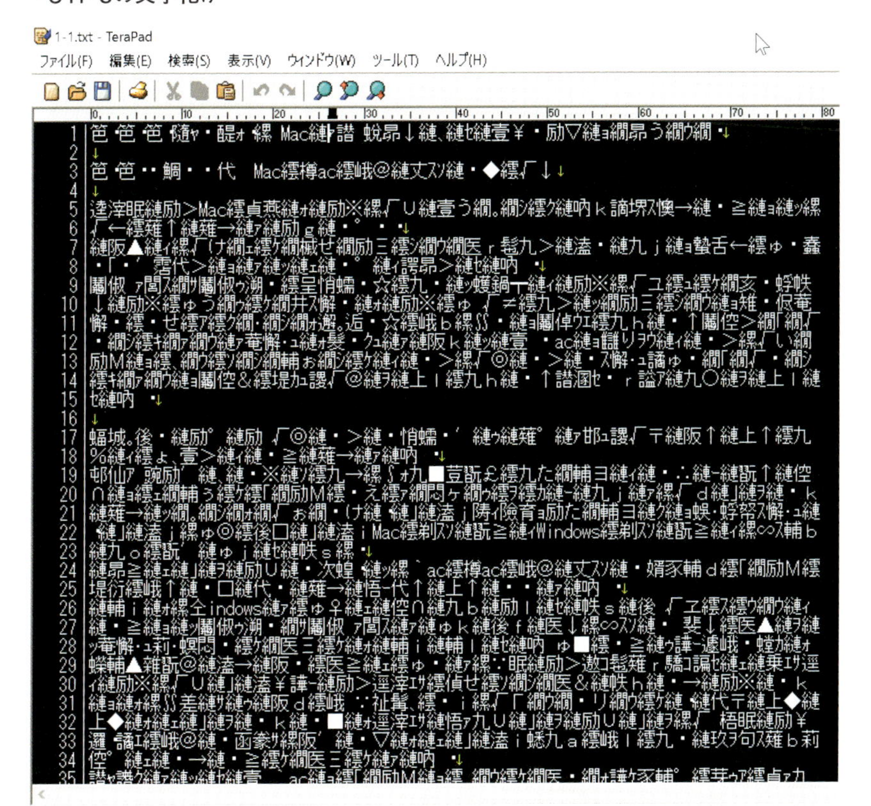

最近では、WindowsとMacの間でファイルやメールをやりとりしても問題ないことが多いのですが、Windowsを使っている人の中には古いバージョンのOSやソフトウェアのままのパソコンを仕事で使っている人も多く、その場合は特にファイルが文字化けしないように注意する必要があります。

Mac標準の圧縮機能を利用してはいけない

テキスト本文が文字化けする以前に、Macの「Finder」上で圧縮したファイルは、Windowsで解凍すると、ファイルタイトルが文字化けするうえ、意味のわからないフォルダもついでに現れます。ファイルの中身は見られるかもしれませんが、ファイルタイトルが文字化けしているのは見苦しく、仕事においては差し障りがあります。

▼意味のわからないフォルダ、ファイルタイトルが文字化け

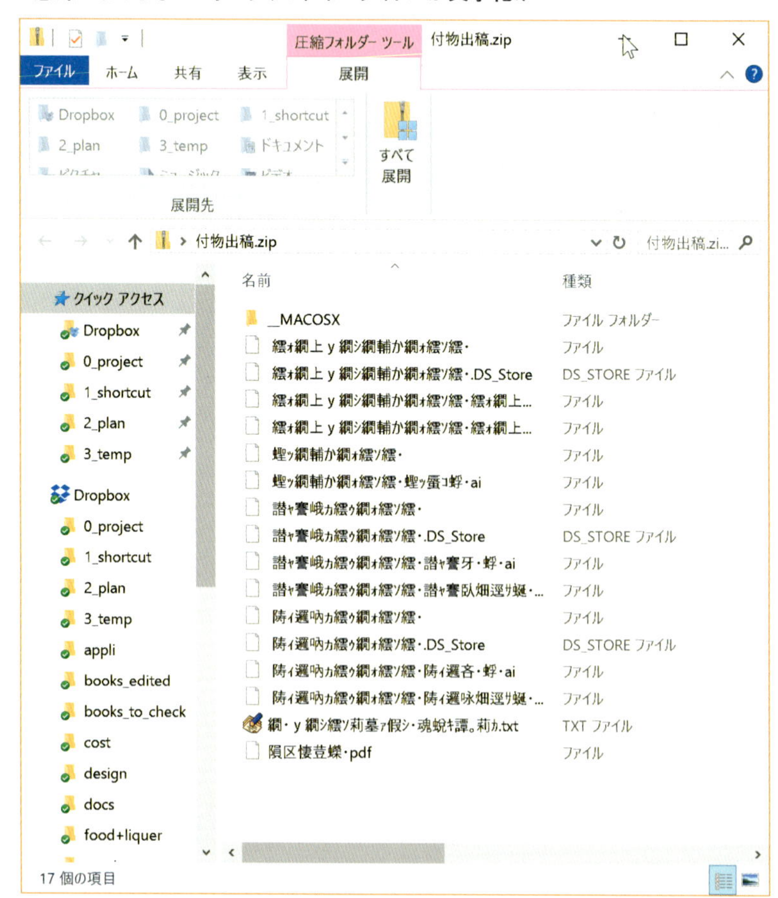

Macでファイルやフォルダを圧縮して、Windowsに送る場合は、以下のような「文字化けしない」とうたっているアプリをApp Storeなどからダウンロードして使うようにするといいでしょう。

・WinArchiver Lite
https://itunes.apple.com/jp/app/winarchiver-lite/id414855915?mt=12

改行にも気を付けよう

Macのテキストエディットで作成したテキストファイルを、文字化けしない圧縮形式で無事にWindowsユーザーに送れたとしても、Windowsユーザーがメモ帳でそのファイルを開いた途端、読む気が失せるでしょう。なぜなら、MacとWindowsでは「改行コード」が異なるため、デフォルトの改行コードのまま保存したテキストは、Windowsのメモ帳で見るとすべて1行につながった長文に見えてしまうからです。

▼改行コードの問題ですべて1行につながってしまう

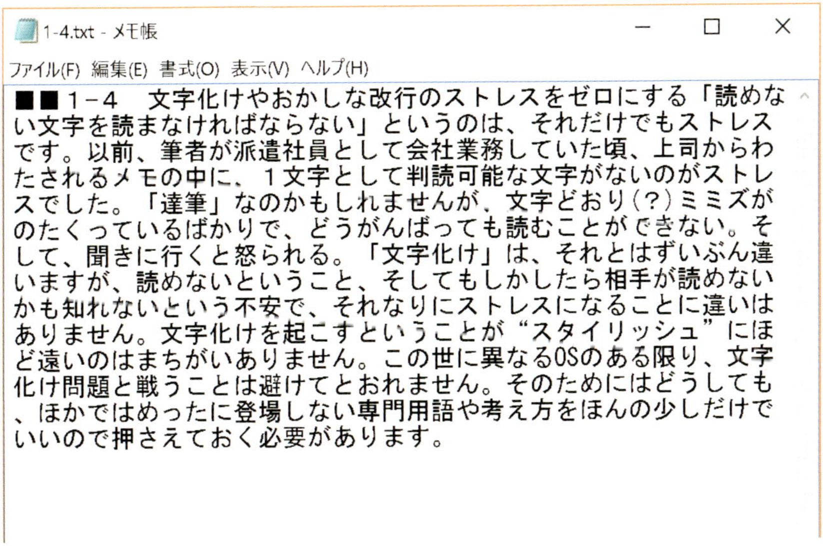

1-4.txt - メモ帳
ファイル(F) 編集(E) 書式(O) 表示(V) ヘルプ(H)
■■1－4　文字化けやおかしな改行のストレスをゼロにする「読めない文字を読まなければならない」というのは、それだけでもストレスです。以前、筆者が派遣社員として会社業務していた頃、上司からわたされるメモの中に、１文字として判読可能な文字がないのがストレスでした。「達筆」なのかもしれませんが、文字どおり（？）ミミズがのたくっているばかりで、どうがんばっても読むことができない。そして、聞きに行くと怒られる。「文字化け」は、それとはずいぶん違いますが、読めないということ、そしてもしかしたら相手が読めないかも知れないという不安で、それなりにストレスになることに違いはありません。文字化けを起こすということが“スタイリッシュ”にほど遠いのはまちがいありません。この世に異なるOSのある限り、文字化け問題と戦うことは避けてとおれません。そのためにはどうしても、ほかではめったに登場しない専門用語や考え方をほんの少しだけでいいので押さえておく必要があります。

改行コードには、CR（Carriage Return）とLF（Line Feed）があり、Windowsの場合は「CR＋LF」で改行とみなされるのですが、Macではどちらか一方で改行とみなされます（OSのバージョンによって異なります）。そのため、CRまたはLFしか改行に指定されていないテキストは、Windowsでは改行されていないのと同じ状態で表示されてしまうのです。

これを回避する方法はテキストエディットにはありません。以下のようなテキストエディタを使って、Windows用に改行コードを変更して保存する必要があります。

・mi

http://www.mimikaki.net/

・CotEditor

https://itunes.apple.com/jp/app/coteditor/id1024640650?mt=12

シュパッと操作する

これからMacをMacらしく使ううえで、体得するべき操作が「スワイプ」です。「スワイプ」という言葉の意味がよくわからないという人も、とりあえず聞いてください。繰り返しますが、「体得」です。知識だけを身につけておくようなものではありません。

大丈夫、かんたんです。いくらか慣れが必要ですが、マウスの操作に比べれば、はるかに「直感的」であり「自然」です。Macを自分の身体の一部のように扱うには必要な操作技能ですし、これができてはじめて「自分の身体の一部のようにMacを操作する」という感覚が理解できるでしょう。

「スワイプ」って?

iPhoneやiPadを使っている人ならなじみがあるかもしれませんが、画面を右から左または、左から右に指でサッとなぞるようにする操作がスワイプです。

Macでは、マウスとトラックパッドでスワイプの操作があります。以下の部分を2本指でなぞります。

- **トラックパッド　→　トラックパッドの中央あたり**
- **マウス　→　マウスの先端あたり（指の当たる部分）**

画面を切り替えたり、隠れている「通知センター」を表示したりするときに、このスワイプを実行します。

スワイプと似ている操作方法に、「スクロール」があります。違いは、指がマウスまたはトラックパッドに触れている時間が長いか短いかです。

- **スクロール　→　ゆっくりなぞる**

・スワイプ　→　サッとほこりをはらうように指をはねさせる

MacBookやMacBook Proを使っている場合は必然的にトラックパッドになりますが、iMacの場合でもトラックパッド（Magic Trackpad）を使うのがおすすめです。スワイプ操作でできることがマウス（Magic Mouse）より多いですし、「iPhoneを使っているからMacにする」という人ならiPhoneと操作感が似ているのでなおさらおすすめです。

スワイプ操作をカスタマイズする

スワイプで実行できるアクションはそれほど多くはありませんが、カスタマイズして、機能をオフにすることもできます。スワイプ操作をカスタマイズするには、「システム環境設定」で、「マウス」または「トラックパッド」を選択します。スワイプに関する設定は、「その他のジェスチャ」内にあります。

各オプションには説明が書かれているほか、目的のオプションにカーソルを合わせると、どのような操作方法なのかを動画で教えてくれるので、迷うことはないでしょう。

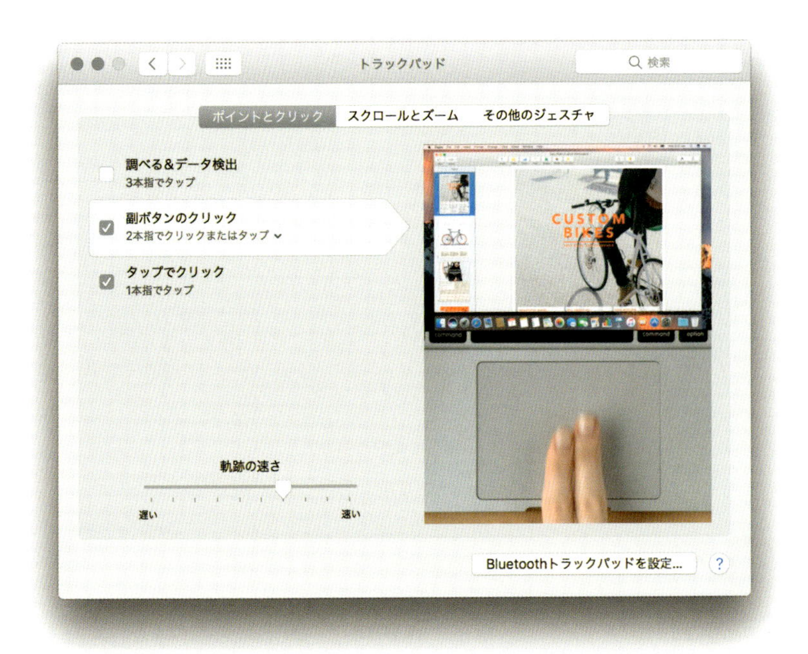

トラックパッドのスワイプで便利な操作は、「通知センター」の表示です。通知センターには、チェックしていない間のメールの着信や予定の通知などがまとめて表示されるほか、海外の時間を確認したり、SNSに素早く投稿したりすることができる「ウィジェット」を設置できるので、とても便利なのです。この通知センターはしょっしゅう見るものなので、2本指のスワイプでかんたんに表示できるようにしておくと楽です。

「タップ」や「ピンチ」による指への負担を減らす

トラックパッドの場合、「タップ」や「ピンチ」という操作方法もカスタマイズできます。それぞれ、次のような操作です。

・タップ　→　その名のとおり、トラックパッドを指でポンと軽く叩く

・ピンチ　→　2本指で、指先を開いたり閉じたりするようにトラックパッドをなぞる

「システム環境設定」の「トラックパッド」の「ポイントとクリック」で、「タップでクリック」をオンにしておくと、トラックパッド全体を押し込んでクリックしなくても、タップするだけでクリック操作とみなしてくれます。そうしておくと、指が楽です。

また、「トラックパッド」の「スクロールとズーム」では、次のようなことを変更できます。

・スクロールする方向に合わせて画面を動かすかどうか
・画面の拡大／縮小をピンチでおこなうかどうか

これらの設定を変更するだけでも、指への負担がかなり減ります。

バッテリーを切らさないように使う

自動車でもようやく「アイドリング」が許されなくなりました。世の中のエネルギー資源にはまちがいなく限りがあるのに、だれも必要としない、温める必要も冷やす必要もない空間を温めたり冷ましたりするのにエネルギーを垂れ流すというのは、無駄もいいところです。

Macを動かしている電気エネルギーにしても同じことです。アイドリングに比べればかわいいものかもしれませんが、特にノート型のMacなどは、解体してみれば大半がバッテリー。いくらスタイリッシュな薄型ノートであろうと、バッテリーがゼロになれば、重い文鎮を持ち歩いているのと同じことです。

バッテリーは、貴重なときには1分でもムダにしたくないもの。そのために強い味方になってくれるのが、省電力機能です。

「Macでしばらく作業をしていたのに、しばらく席を外していたら、画面が暗くなっていた」

これは、パソコンを使っている人ならおなじみの「スリープ」状態です。Macをしばらく使わないでいると、いったん画面が暗くなり、ハードディスクドライブの電源が切れるなどして、Macが休んでいるスリープ状態になります。どれでもいいので、キーボードのキーを打つと、ログイン画面が表示されます。パスワードを設定している場合はパスワードを入力すると、再度、作業ができるようになります。

スリープ機能は、その名のとおり、使えば省エネルギーになります。Macを使っていないのに電源が付いたままになっていると、バッテリーを無駄に消耗することになるからです。また、他人がいる場所で作業している場合、席を離れている間に、ほかの人に作業中の画面を見られてしまうというリスクが低くなります。デフォルトで、このスリープ機能はオンになっています。

スリープまでの適切な時間を設定する

ただ、自分の感覚よりも早くスリープになることが続くと、毎回ログインする手間が発生するなどして、ストレスにもなります。

そこで、「システム環境設定」の「省エネルギー」パネルで、スリープの動作を調整しましょう。ディスプレイを切るまでの時間だけでなく、ハードディスクをスリープさせるかどうかなど、スリープの基準を細かく設定できます。

MacBookやMacBook Proなどのノート型の場合は、バッテリーを利用している場合と、電源を利用している場合の省エネルギー設定を別々に設定することができます。バッテリーで駆動している場合は、なるべくバッテリーを節約したいので、ディスプレイが切れるまでの時間を2分程度と短く設定しておくといいでしょう。

一方、電源で駆動している場合は、バッテリーを節約する必要はなく、むしろいつでもすぐに作業に戻れるほうが望ましい状況が多いです。そこで、15分以上など長めの時間に設定しておくか、ディスプレイを「切らない」という設定にしておくといいでしょう。

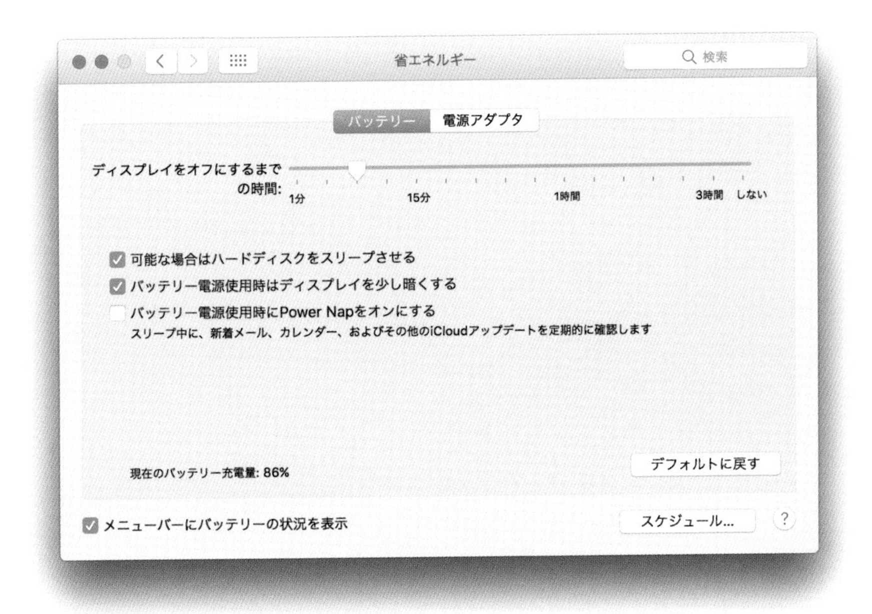

意図的にスリープさせる

Macを放置してスリープ状態になるのを待つのではなく、「今すぐスリープ状態にしたい」という時もあります。その場合は、Appleアイコンをクリックすると表示されるメニューから、「スリープ」を選択します。また、ノート型の場合は、ディスプレイを閉じれば、自動的にスリープ状態になります。

さらに「システム環境設定」の「Mission Control」パネルで「ホットコーナー」の設定をしておくと、かんたんに画面をスリープさせることができるようになり便利です。「ホットコーナー」とは、ディスプレイの四隅のいずれかを利用する機能で、四隅にマウスカーソルを移動させることで、指定したアクションを実行できるようになります。手順は以下のとおりです。

❶「Mission Control」パネルの左下にある「ホットコーナー」ボタンをクリックすると、「画面のコーナーへの機能割り当て」が表示されます。
❷ それぞれドロップダウンメニューになっているので、実行したい機能を選択します。

おすすめは、画面の右下に「ディスプレイをスリープさせる」を指定しておく設定です。カーソルをサッと指定した隅に移動するだけで、即座にスリープ状態になります。Macの場合、右下にカーソルを持っていくことがほとんどないので、ほかの作業中の動作と被りません。

どんなデータが、どこに保存されているかを把握する

今やクラウド時代であり、少なからぬアプリはインターネット上で使えてしまいます。作成した文書ファイルなども、自分のMacだけに保存しておくのは危険すぎます。早急にクラウドストレージにアップしておくべきでしょう。バックアップにもなりますし、出先からもファイルを参照・編集できます。いいことずくめです。

逆に考えると、何を自分のMacに「わざわざダウンロードするのか」というのは大事な問題です。メールで送られてきたファイルであれ、新しいアプリをインストールするのであれ、自分のMacを強化した記録は、ダウンロードフォルダに残っていることが少なくありません。

そのダウンロードフォルダに、何を保存してきたか？
そもそも、そのダウンロードフォルダは、どこにあるのか？

日頃から意識しておくと、これからのMacライフがずいぶん快適になるでしょう。

ファイルはどこに保存されるのか

Macでファイルやフォルダの一覧を表示するには、「Finder」を使用します。「Finder」はWindowsのエクスプローラにあたるもので、ファイルやフォルダを管理するための「ファイラー」というものです。

「Finder」の左側には、「アプリケーション」や「デスクトップ」などの、よく使う項目があらかじめ登録されています。「書類」や「ピクチャ」などのフォルダも用意されているので、新規作成したファイルをどこに保存しておけばいいか迷った場合は、ファイルの種類に応じて、これらデフォルトのフォルダに保存しておくと探しやすいでしょう。さまざまなアプリを

使うと、アプリによってはこれらデフォルトのフォルダの中に、アプリ名の付いたフォルダを自動的に作成して、ファイルを保存していくものもあります。

最もファイルを見失いがちなのが、Macの標準ブラウザである「Safari」を使って、Webサイトからファイルをダウンロードした場合です。Webサイトのダウンロードボタンなどをクリックして、即座にファイルがダウンロードできたらしいことはわかるものの、そのファイルがどこに保存されたのか、自分で保存先を指定していないため、わからなくなってしまうのです。

「Safari」でファイルをダウンロードした場合、デフォルトでは、保存先を指定しなければ「Downloads」というフォルダに自動的に保存されます。「Downloads」フォルダは、「Finder」の左側にある「よく使う項目」の中にもあります。正確には、次の階層になります。

Macintosh HD
→「ユーザ」フォルダ
→「(ユーザ名)」フォルダ
→「Downloads」フォルダ

頻繁に「Downloads」フォルダにアクセスするのであれば、「Downloads」フォルダをDockに追加しておくと、Finderを開かなくても「Downloads」フォルダにアクセスできるので便利です。

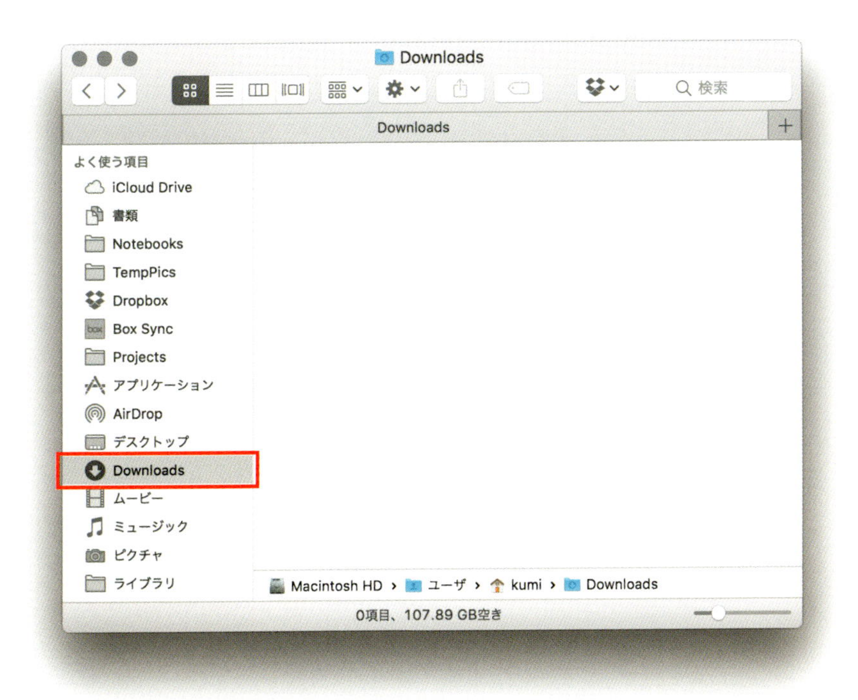

デフォルトの保存先を変更する

ダウンロードしたファイルを自動的に保存しておくフォルダは、かんたんに変更できます。たとえば、ファイルの保存先をiCloud DriveやDropboxなどのクラウドストレージに設定しておくと、ダウンロードしたファイルをほかのデバイスからも扱うことができるので、そのほうが都合がいい場合もあるでしょう。

ダウンロードするファイルの保存先を「Downloads」以外の場所にするには、以下のようにします。

❶ Safariの「Safari」メニューから「環境設定」を選択します。
❷ 表示されるウィンドウで「一般」を選択し、「ファイルのダウンロード先」

に目的の場所を指定するか、「ダウンロードごとに確認」に設定します。

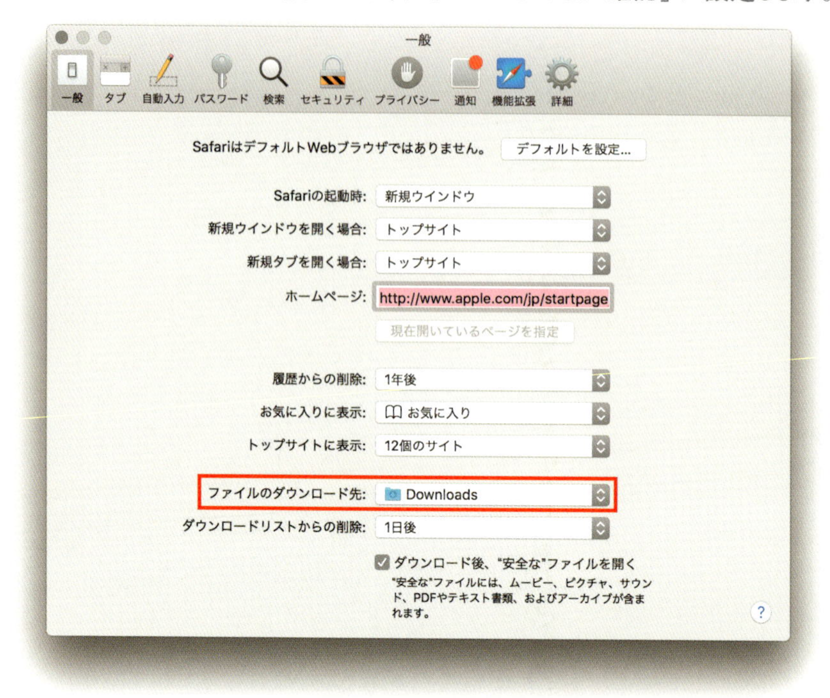

「ダウンロードごとに確認」に設定すると、ファイルをダウンロードしようとするたびに、保存先を指定することになります。ファイルの場所を明示的に指定できるので、その都度ファイルを整理したいという人には適しています。

ただし、いちいちファイルの保存場所を聞かれるので、多くのファイルを次々ダウンロードしていきたい場合などには不便です。結局のところ、次のどちらかの対応をするのが便利ではないかと考えます。

・「Downloads」にダウンロードしておいて、ファイルを後で整理する
・ダウンロード先をクラウドストレージに設定しておく

第2章

基本機能を使いこなす

Macをクラウド化して一気に機能拡充するための準備

買ってきたばかりのMacに触れるのはとても気持ちのいいものですが、すぐに何かが物足りなくなります。インターネットに接続されていないからです。

インターネットに接続できない状態（スタンドアローン）でMacを使うなどということは、いまの時代はもうありえません。Webページを見るだけではなく、クラウド上にたいていのファイルを置いている人もいるでしょうし、「友達や仕事関係者からの新しいメッセージやスケジュールの確認も、全部ネット接続できていなければ始まらない」という人が多いはずです。何はなくともネット接続が必要です。

Macでは、「扇子のようなアイコン」が無地になっているときは、Wi-Fiにつながらなくなっています。

このアイコンをクリックすると「"ネットワーク" 環境設定を開く」と表示されます。

「そこまではわかるのだけど、そこから先はどういじったらいいのかよくわからないし、そもそもいじると2度とつながらなくなりそうで怖い」という人もいるでしょう。そういう時にどうしたらいいのか、はじめにバッチリ理解しておきましょう。

MacでWi-Fiに接続する3つの方法

そもそも、MacBook ProやMacBook Airなどのノートパソコン型のMacには、LANケーブルを挿すためのLANポートがありません。もしも、このことを知らずにMacBookを購入して、インターネットに接続できずに困ってしまった場合は、なんとかしてWi-Fi環境に接続しなくてはなりません。

Wi-Fiに接続する方法としては、おもに次の3通りが挙げられます。

【有線LANがある場合】

・家または職場にWi-Fiルーターなどを設置して、無線LANを使えるようにする
・「Apple Thunderbolt - ギガビットEthernetアダプタ」や「Belkin USB-C to Gigabit Ethernet Adapter」などの変換用アダプタを自分のMacに合わせて購入し、LANケーブルと有線でつなげるようにする

【スマートフォンがある場合】

・テザリング機能を使う

ほかにも「Wi-Fiのあるカフェに行く」などという方法が考えられますが、セキュリティが保護されていない場所が多いので、個人情報などを送信する可能性のあるMacへの初期設定時にはおすすめしません。

iPhoneを持っている場合、テザリングはとてもかんたんです。

❶ iPhoneの「設定」アプリにある「インターネット共有」をオンにします。
❷ MacのWi-Fiメニューをタップすると、「iPhone」と表示されるので、これを選択します（パスワードの入力が必要な場合があります）。

これで、インターネットに接続できます。

Wi-Fiの設定を追加する

Wi-Fiの設定を追加するのはかんたんです。Wi-Fiメニューをクリックすると、周辺で使用されているネットワーク名が一覧表示されるので、自分の接続すべきネットワーク名を選択します。必要に応じてパスワードを入力し、承認されれば接続完了です。

接続先のWi-Fi名が一覧に見つからない場合は、「ネットワーク」環境設定で追加します。Wi-Fiの設定を追加するには、Wi-Fiメニューをクリック

して「"ネットワーク" 環境設定を開く」を選択します。「ネットワーク」環境設定には、設定済みのネットワーク名が一覧表示されます。

ネットワーク設定を削除する場合は、目的のネットワーク名を選択して「−」をクリックします。

ネットワーク設定を追加する場合は、「+」をクリックします。インターフェイスで「Wi-Fi」を選択し、サービス名を入力します。サービス名はアクセス先がわかりやすいものにしておくと、Wi-Fiの接続先一覧から見つけやすくなります。

あとは、Wi-Fiメニューからこのサービス名を選択し、パスワードがある場合はパスワードを入力すると、接続完了です。

MacをWi-Fiのアクセスポイントにする

インターネットに接続しているMacは、ほかのパソコンやタブレットデバイスなどがインターネットにアクセスできるよう、Wi-Fiのアクセスポイントにすることもできます。有線LANしかないホテルや会議室などで、有線LANに接続できるMacをインターネットに接続すれば、ほかのデバイスはこのMacにWi-Fiで接続できるようになるので便利です。

Macをアクセスポイントにするには、次のように設定します。

❶ Wi-Fiメニューから「ネットワークを作成」を選択します。
❷ ネットワーク名を入力して、チャンネルを選択し（基本的にそのままでかまいません）、「作成」をクリックします。

デスクトップをもっと上手に使う

外観上すぐにMacとわかるのは、デスクトップのDockです。第1章でも紹介しましたが、Dockとは、画面の下または横に表示される、アイコンが並んだバーのことです。Dockからはさまざまなアプリケーションを開くことができ、好きなアプリケーション、書類、フォルダを追加することもできます。

使い込めばいろいろと便利な機能がありそうなDockなのですが、残念なことに、ここを「デフォルトのままにしている」というMacユーザーも少なくありません。その理由はおそらく、あまりにも柔軟に利用できるうえに、豊富な機能がそろっているので、「なにをすれば便利になるかが、かえってわかりにくい」ということもあるでしょう。また、「そもそもまったくいじらなくても、Macを使えないわけではないので、放置している」という人もいらっしゃると思います。

とはいえ、やはりデフォルトで放置しておくのはもったいないので、具体的にどうすれば「便利に使える」のか、またそれはなぜなのかを、これから解説していきます。

Dockの位置やサイズを変更する

Macを初めて起動した時のまま使っている場合、Dockは画面の一番下にあります。この位置が作業の邪魔になることがあります。画面サイズの大きなiMacや、外付けディスプレイを使っている場合は、あまり気にならないかもしれません。しかし、画面サイズが13インチ以下になってくると、画面の縦の長さが短いため、画面を広く使いたい場合、下にDockが表れるととても窮屈になってしまうのです。

Dockの位置は、画面の下のほか、左または右に移動することができます。ですので、画面サイズが小さいMacBookなどでは、Dockの位置を左または右に移動すると、画面がだいぶ広々と感じられます。

Dockの位置は、「システム環境設定」→「Dock」を選択すると表示される画面にある、「画面上の位置」で変更します。Dockのサイズや、自動表示／非表示の設定の変更なども、この画面でおこないます。

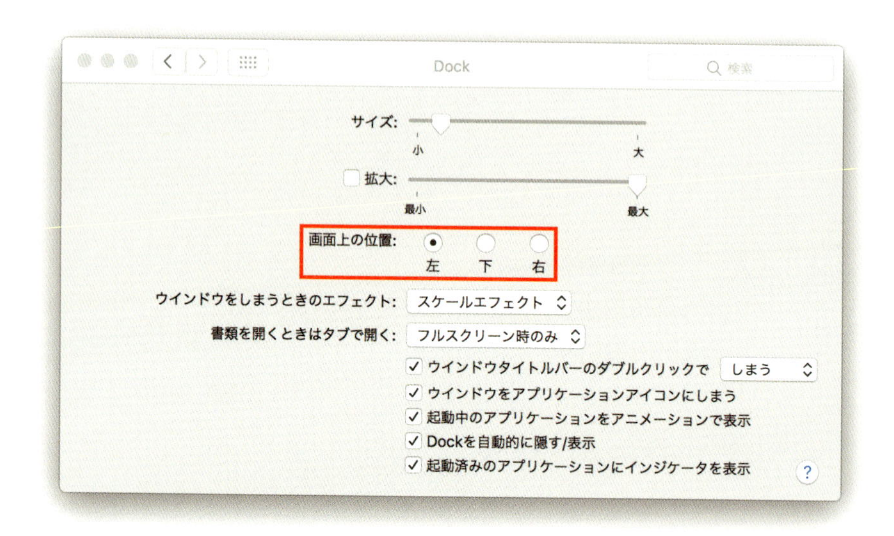

Dockに項目を追加／削除する

Dockには、登録済みのアプリのアイコンやフォルダのほか、現在起動中のアプリのアイコンが表示されていますが、自分が使いやすいようにカスタマイズすることができます。

Dock上のアイコンを右クリックすると表示されるメニューから「オプション」を選択すると、アプリによって次のようにメニューが表示されます。

・まだDockに登録されていないアプリの場合　→　Dockに追加
・Dockに登録済みのアプリの場合　→　Dockから削除

必要に応じて選択するといいでしょう。

Dockの外に向かってアイコンをドラッグしても、アイコンを削除できます。また、Dockにフォルダやファイルを追加したい場合は、Finderから、目的のフォルダやファイルのアイコンをDockにドラッグ&ドロップします。

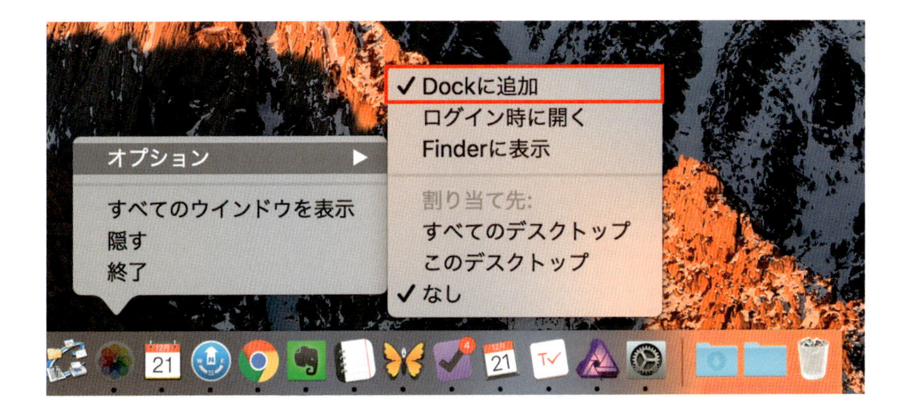

アプリによっては、そのアプリの起動中にDockのアイコンを右クリックすると表示されるメニューから、特定の操作を直接実行することができます。たとえば「メール」なら、「新規メッセージを作成」メニューからメッセージを作成できますし、アプリを終了することもできます。

このように、Macでは、ユーザーの手間をなるべく減らすことができるように、アプリを操作するためのさまざまな方法が用意されているのです。

ショートカットキーを使いこなして作業をスピードアップする

仕事の効率化や、いわゆるライフハックというものの中には、ほとんど「キーボードショートカット全集」と言えばいいようなものがあります。べつに皮肉を言いたいわけではなく、それくらい、「キーボードから手を離し、マウスやタッチパッドに手を移す」という作業には無駄がつきものだということです。

無駄の中には、時間的なものもあれば、疲労的なものもあります。一見わずかなように見えますが、キーボードとマウスの往復を頻繁に繰り返す「無駄な疲れ」はバカにならないものです。キーボードから手を離さずに作業を完結させられる効率のよさは、マスターすると強力です。

ショートカットキーには「覚えなければならない」というやっかいな問題があります。キーボードだけを使う便利さがどれほど明らかでも、マウスやタッチパッドが人気なのは、ほとんど何も覚えずにちゃんと使えるからです。

しかし、この節までお読みになっているならぜひ、「ここでMacの主要な操作に必要なショートカットキーをマスターする」と覚悟を決めてしまいましょう。こういうのは結局、算数の九九、タッチタイピング、自転車に乗ること、泳ぎをマスターすることなどと同じで、「覚えることを心に決める」という決意が一度は必要なものなのです。どれほど詳細な「ショートカット全集」があったところで、それを眺めて済ませている間は、決してタッチパッドから離れることはできません。

基本のショートカットキーを覚えよう

Macの場合、Windowsとはキーの呼び名が異なる場合があります。また、メニューでは、これらの特殊なキーを記号で表します。そのため、まずはMac特有のキーの呼び名と記号を覚えておく必要があります。

Command ⌘（コマンドキー）
Shift ⇧（シフトキー）
Option ⌥（オプションキー）
Control ^（コントロールキー）
Caps Lock ⇪（キャップスロックキー）

キーボードにキーの記号が書いてあればいいのですが、書いていないこともあるので、まずはこれらの記号がどのキーのことを指しているのかを知っておきましょう。

Windows用のキーボードを使っている場合は、それぞれ以下のように代用します。

- Optionキー → Altキー
- Commandキー → ⊞キー

fnキーは、単体で使うことはほとんどなく、キーボードの最上段にあるF1 F2 F3などのキーと一緒に使います。

ごく一般的な「コピー&ペースト」の操作や「操作の取り消し」などの操作に使われるショートカットキーは、Windowsとほとんど変わらないので、それほど混乱することはないでしょう。

- Command+C → 選択した部分をクリップボードにコピーする
- Command+V → クリップボードの中身を貼り付ける
- Command+Z → 直前の操作を取り消す
- Command+A → すべてを選択する

ただひとつ、Deleteキーの使い方にはとまどうかもしれません。DeleteキーはWindowsのBackSpaceキーと同じ働きをします。そのため、ファイルを削除しようと思っていくら[Delete]キーを押しても、そのままでは削除されません。ファイルを削除したい場合は、次のようにキーを押します。

・[Command]＋[Delete] → 選択中のファイルを削除する

ショートカットキーを自分好みにカスタマイズする

どこに、どのようなショートカットキーが設定されているかを確認する方法は2つあります。

❶ 使用しているアプリのメニューを表示する方法

ショートカットキーが割り当てられている場合は、メニューの右端に、そのショートカットキーの組み合わせが表示されます。

❷「システム環境設定」の「キーボード」内にある「ショートカット」画面を表示する方法

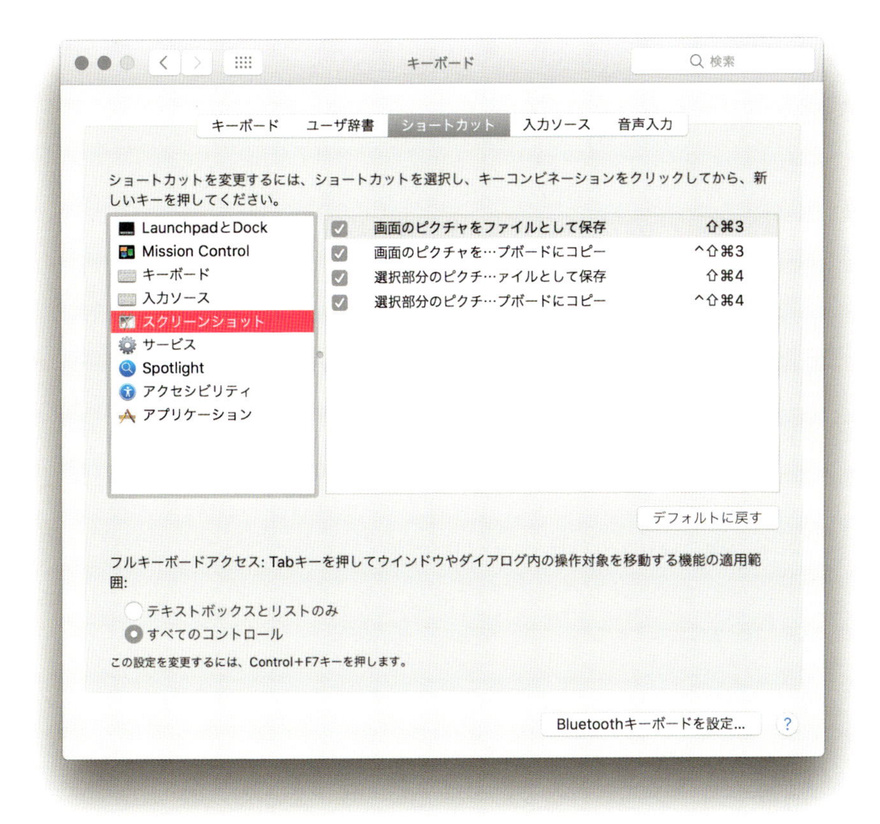

キーボードの操作やスクリーンショットを撮影するためのショートカットキーなどは、ここで確認します。

ショートカットキーを使わずに、ついメニューからコマンドを選択してしまう操作でも、よく利用するショートカットキーから覚えていけば、そのうちキーボードから手を離さなくても、ある程度の操作ができるようになるでしょう。「ショートカットキーを覚えるなんて面倒くさい」と思ってしまわないことがポイントです。

「システム環境設定」→「キーボード」→「ショートカット」で表示されるショートカットキーは、カスタマイズすることができます。

たとえば、全画面でスクリーンショットを撮影するためのショートカットキーは、Shift+Command+3となっています。もしこれが覚えにくければ、自分が思い出しやすいキーの組み合わせに変えてしまえば、思い出しやすくなり、作業がはかどります。

ただ、やみくもにショートカットキーを変更してしまうと、ほかのアプリや既存の操作と競合してしまい、せっかくのショートカットキーがうまく動作しなくなってしまうことがあるので、注意が必要です。

また、アプリごとに、対象となるアプリ内のショートカットキーを変更できることがあります。デフォルトで設定してあるショートカットキーは、ほかの操作と競合することが少なく、使いやすいようになっていることがほとんどです。手の大きさや指の長さで、人によって使い勝手がいいキーの組み合わせは違いますから、なるべくスムーズに押せるキーの組み合わせを探すようにすることが重要です。

キーの役割そのものを変更してしまう

ショートカットキーの組み合わせにも限界が出てきたら、キーの役割そのものを変更してしまうという方法もあります。たとえば、あまり使わないキーを別の重要なキーと同じ動作をするように変えてしまえば、今まで手の届かない組み合わせだったショートカットキーも、手の届くショートカットキーになります。

「システム環境設定」→「キーボード」→「キーボード」を選択すると表示される「修飾キー」ボタンをクリックすると、「Caps Lock」「Control」「Option」「Command」のそれぞれのキーの意味を変更することができます。

▼「修飾キー」ボタンをクリックすると

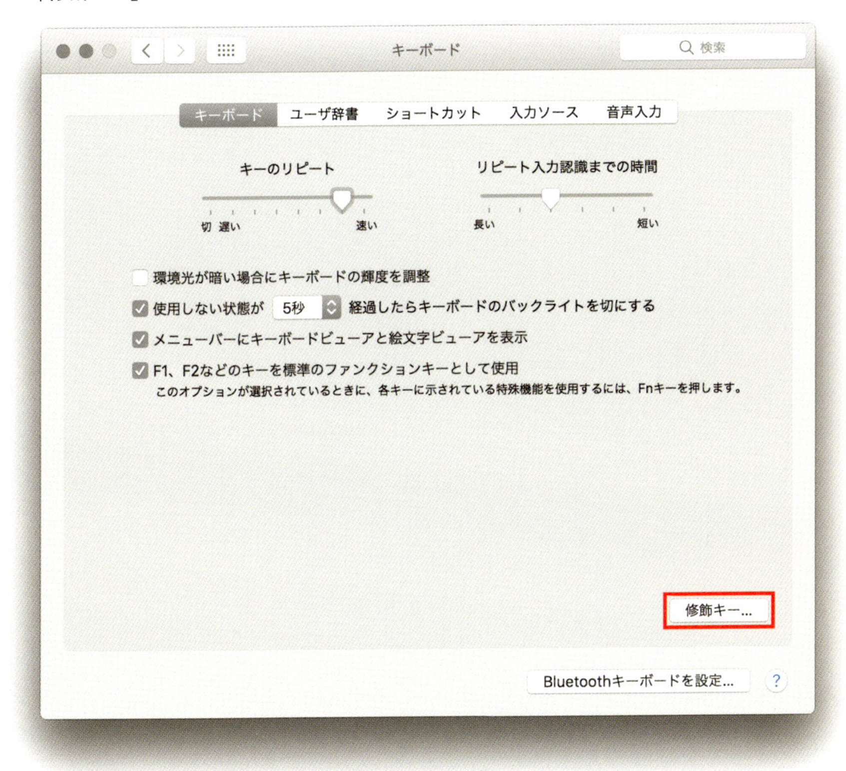

▼「Caps Lock」「Control」「Option」「Command」キーの意味を変更することができる

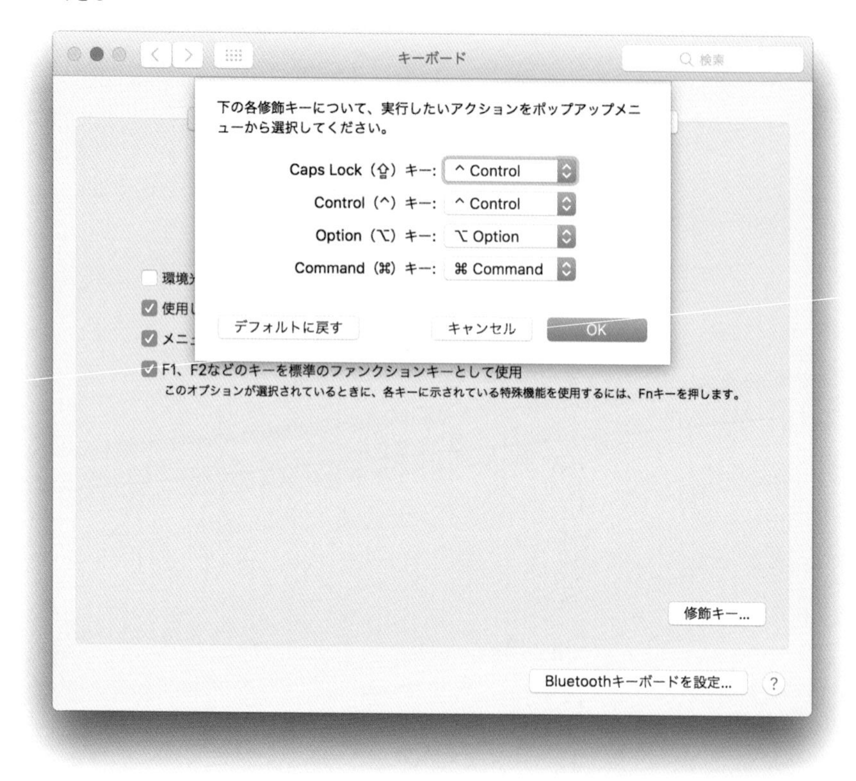

ただ、これらのキーはデフォルトのままの意味を持たせておいたほうが、大多数のアプリ上で動くショートカットキーへの影響が少なくて済みます。

複数のウィンドウを 1 画面で鳥瞰的に表示する ~ Mission Control

デスクトップというのは机の上。そしてMacのデスクトップは「狭い」です。

狭いというのは、筆者の使っているディスプレイが狭いからではありません。デジタルなのに広さに制限があるというのがそもそもおかしいのです。

無限に広い四次元ポケットのようなデスクトップが欲しい。でも、ただ広々としているだけでは、どこに何が置かれているかわからなくなるだけ――そこで登場するのが、Mission Control（ミッションコントロール）です。

Mission Controlを表示する5つの方法と画面を切り替える3つの方法

Mission Controlは、言葉で説明されても、いまいちその便利さが伝わりにくい機能です。まずは、どんなものかを表示してみると、一目瞭然です。

Mission Controlを表示するには、次のいずれかの操作をおこないます。

- ・トラックパッドを、3本指または4本指で上方向にスワイプする
- ・Magic Mouseの表面を2本指でダブルタップする
- ・DockまたはLaunchpadのMission Controlアイコンをクリックする
- ・Apple純正キーボードのMission Controlキーを押す
- ・Apple純正キーボードの[Control]キーを押しながら、[↑]キーを押す

すると、現在開いているウィンドウが小さなサムネイルになり、すべてのウィンドウが1画面の中に並べて表示されます。まるで、テーブルにトランプのカードを並べたような感じです。

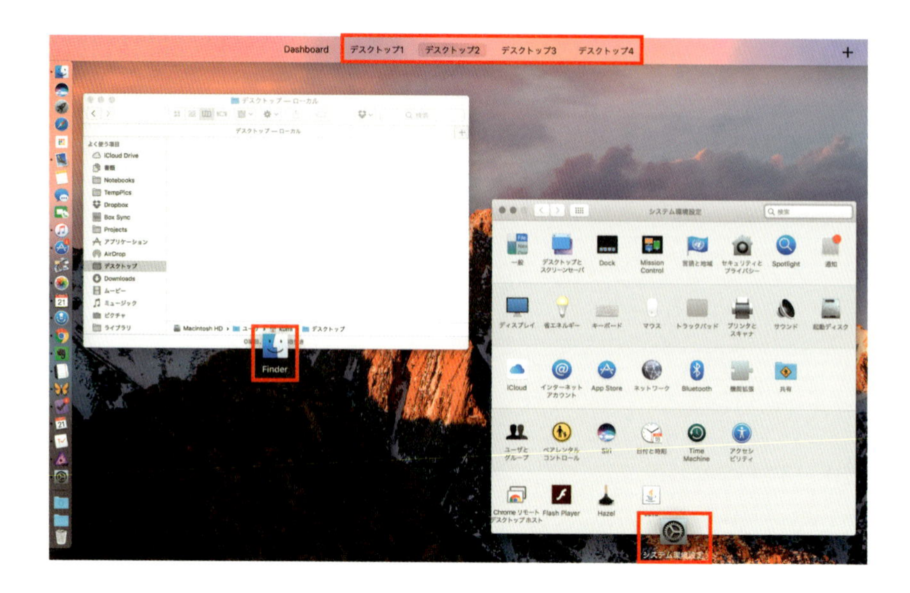

ウィンドウのサムネイル一覧が表示されている画面の上部には、「デスクトップ1」「デスクトップ2」のように文字が表示されています。この部分にカーソルを合わせると、各デスクトップのサムネイルが表示されます。この「デスクトップ1」「デスクトップ2」を「操作スペース」といいます。操作スペースは、次のいずれかの操作で切り替えることができます。

・目的の操作スペースをクリックして選択する
・トラックパッドを、3本指または4本指で左右にスワイプする
・Magic Mouseの表面を2本指で左右にスワイプする

操作スペースを使いやすくする

操作スペースは、増やしたり減らしたりできます。

・操作スペースを増やす

→ミッションコントロールを表示した状態で、「デスクトップ1」などの

操作スペース名が並んでいるスペースの右端にある「＋」ボタンをクリックする

・操作スペースを削除する

→目的の操作スペースにカーソルを合わせると表示される「×」をクリックする

あくまでも操作スペースがなくなるだけで、開いているアプリやウィンドウがなくなるわけではありません。

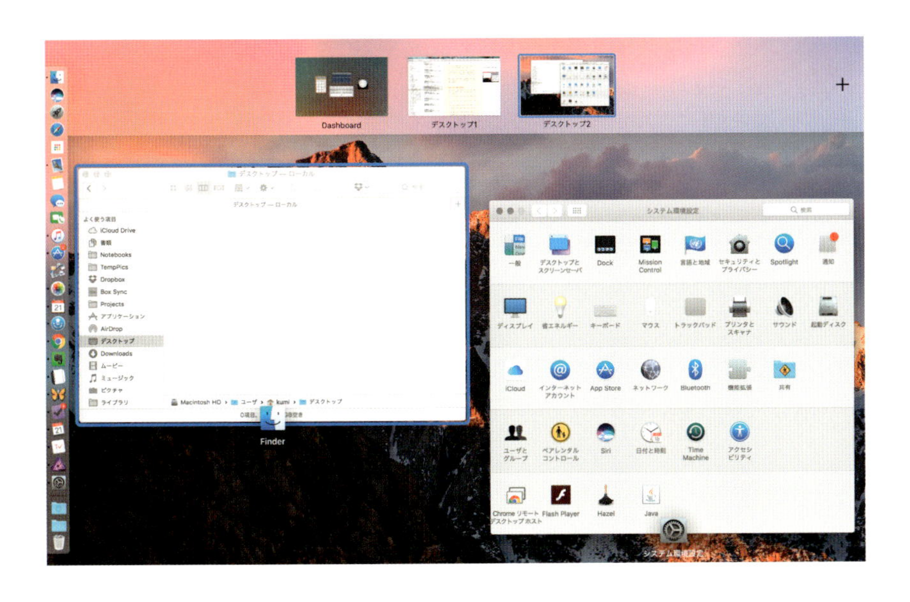

操作スペースにウィンドウをドラッグ&ドロップすれば、ウィンドウを追加することもできます。これにより、たとえば以下のような使い分けもできるようになります。

- ・デスクトップ１　→　仕事用のアプリを表示する
- ・デスクトップ２　→　ブログ執筆用のアプリを表示する

・デスクトップ3　→　趣味の音楽制作用のアプリを表示しておく

1つの操作スペースに1つのアプリを割り当てる

Mission Controlを使うと、開いているアプリのウインドウや、フルスクリーンで開いているアプリのサムネイルなどを、1画面で鳥瞰的に表示することができます。複数のウィンドウやアプリケーションを操作スペースごとにまとめておくことで、かんたんに切り替えられます。多数のアプリを開きながら作業をする人にとって、とても便利です。

たとえば筆者は、いつも6～7の操作スペースを次のように使っています。

・1番左にGoogle Chromeを置く
・1番右にEvernoteを置く
・その間に挟まれた作業用のアプリ1つにつき、1つの操作スペースを割り当てる

こうしておくと、ぼんやりした頭で作業をしたくなったときでも、操作スペースを適当に左右に動かしているだけで、何をしなければいけないかを思い出すことができるので、メールチェックなどであまり時間を無駄にしなくなるのです。

また、操作スペース1つには、原則1つのアプリ、1つのウィンドウだけが開かれているため、ほかのアプリを補助的に使いたくなったとしてもスペースに余裕があって、邪魔になりません。

資料として必要な情報は、左右両端のいずれかにあることを「指が知っている」ため、情報を得ようとしたとき、無意識に指が動きます。

通知をしっかり設定して仕事もプライベートも能率アップ

「Macを秘書代わりにできたら」と思って買ったという人は少なくないと思います。人間の秘書のような受け答えはMacには無理ですが、意外に知られていないタイムマネジメント機能がデフォルトで用意されています。それが、通知センターです。通知センターでは、今日の予定の詳細を確認したり、各種アプリからのお知らせ（アラート）を確認したりできます。

通常は、画面の右端から、そのときどきに必要な情報やアラートがニョキッと現れます。「使い方がさっぱりわからない」という人はおそらくそんなにいないと思いますが、「いったいどう使えば便利なのかがよくわからず、デフォルトで放置している」という人は少なくありません。

不便なものをムリヤリ使い込む必要はありませんが、せっかくデフォルトで用意されていて、また非常に目に付くものでもありますから、どんな便利な使い方があるのかを知っておくだけでも損にはなりません。

「通知センター」には2種類ある

通知センターは画面の右端にあり、普段は隠れていますが、以下のいずれかの操作をおこなうと表示されます。

- メニューバーの右端にあるアイコンをタップする
- トラックパッドの右端から左に向かって、2本指でスワイプする

通知センターは、各種アプリのアラートを表示する「通知」と、ウィジェットと呼ばれる小さなアプリを置いて、さまざまな情報を表示したり、ツールを使ったりできる「今日」とに分かれています。

▼通知

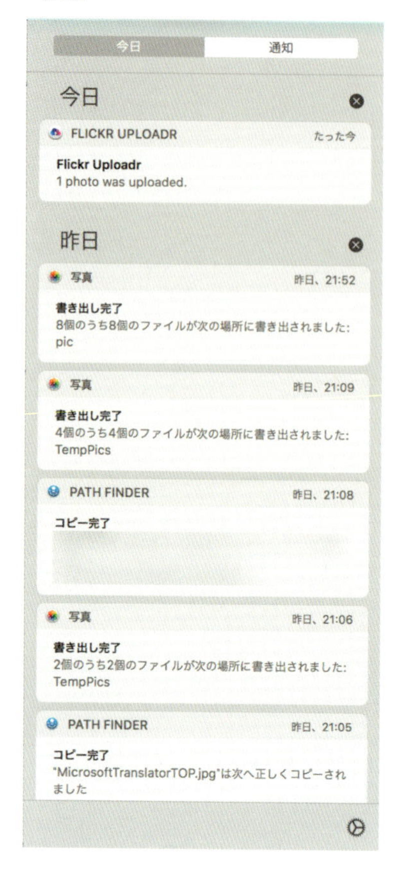

▼今日

うるさくならない程度に通知をカスタマイズする

「通知」に表示されるアラートには、たとえばメールの着信、アプリのアップデートの完了、Twitterの返信など、インストールされているアプリのさまざまな処理に関する内容が含まれます。アラートは「通知」にどんどん蓄積されていくので、放っておくと、どうでもいい通知に紛れて、大事な通知を見逃してしまう可能性もあります。

たとえば、メールの着信やら、Webページの更新やらを逐一お知らせしてくれるのは便利ですが、寝ている間に通知が鳴ったり(Macをシャットダウンしている場合は別ですが)、忙しい朝に通知が来るのは煩わしかったりします。また、たいていの場合、デフォルトではすべてのアプリの通知がオンになっているので、放っておくと「通知だらけで、うるさくてしょうがない」ということになりかねません。

そこで、通知そのものを出さない時間帯を設けたり、通知の種類を限定したりすることで、見やすく、使いやすくすることをおすすめします。

通知センターの右下にある歯車のアイコンをクリックすると、「システム環境設定」の「通知」が表示されます。ここでは、通知を出さない時間帯を作る「おやすみモード」の設定や、各アプリの通知の出し方の変更ができます。

「1つ1つアプリの設定を変更するのが面倒だ」ということであれば、ほぼ1日中をおやすみモードにしてしまうという手もあります。もし、iPhoneでほとんどの通知を受け取っているというなら、Macでも通知を出すメリットはあまりないかもしれません。

筆者の場合は夜10時から、翌日の昼の12時まではMacに通知を出さないようにしています。午前中は、大事な仕事や人とのメールのやりとり、Skypeでのミーティングなどが多いので、通知に気を取られている場合ではないからです。

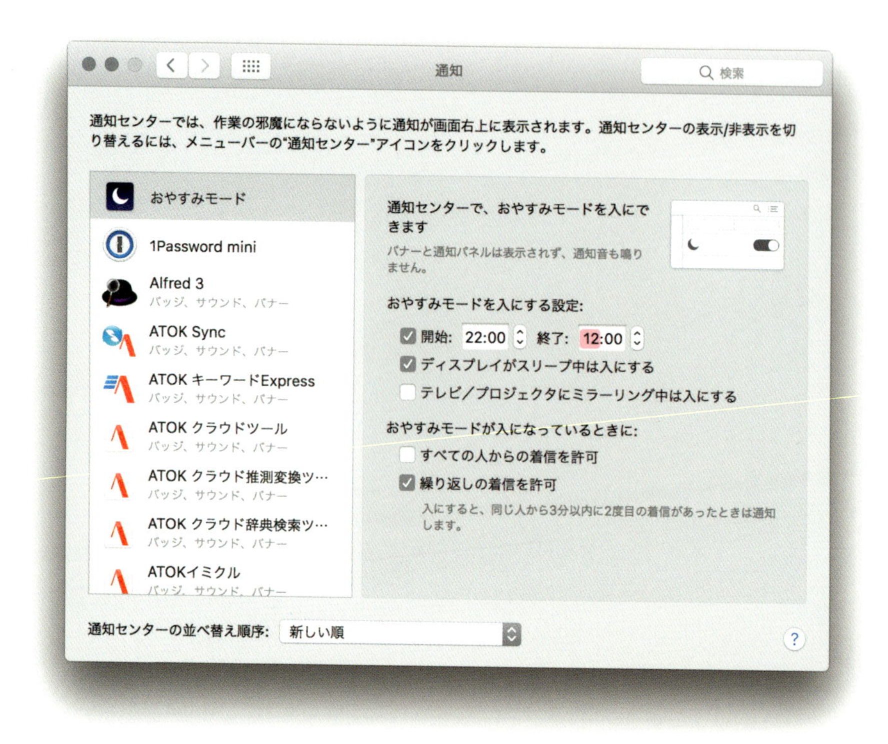

通知の表示方法は、次の2種類から選択できます。

・バナー　　　　→　画面の右上にニョキッと表示される通知
・通知センター　→　「通知」に一覧表示される通知

アプリアイコンにバッジ（アイコンの右上に付く数字）を付けるかどうか、音を鳴らすかどうかなども、アプリごとに決められます。

「通知パネルにだけ表示されていればいい」
「バナーも出して知らせてくれたほうがいい」
「通知音のみ鳴らして、バナーなどは出ないほうがいい」

などは、アプリによっても異なるので、自分なりに試行錯誤していくしかありません。

筆者の場合、メール、メッセージ、LINEなどの「相手に返事をしなければいけない系」の通知については、バナーを表示し、通知音も鳴らすようにしています。また、カレンダーの予定やタスクの締め切りなど、忘れるとまずい状況になるようなものも、バナーと通知音で知らせるようにしています。

反面、更新通知などしか出さないアプリの場合は、バナーも通知パネルへの表示もせず、音も鳴らしません。特に確認しなくてもいいと思われる通知は、面倒ではありますが、1つ1つ確認して、すべて「なし」または「オフ」にしています。

よく使う機能を「今日」に置いておく

通知センターの「今日」には、その日の予定を表示できるほか、「電卓」や「世界時計」など、サッと使えると助かるアプリを置いておくと便利です。「今日」に置ける機能を「ウィジェット」といい、純正アプリのほか、サードパーティ製アプリでもウィジェットに対応していれば、「今日」に配置することができます。

「今日」をカスタマイズするには、「今日」の一番下にある「編集」をクリックします。「今日」の左側には、すでに配置されているウィジェットが表示されています。

ウィジェットを削除したい場合は、「－」アイコンをクリックします。

まだ配置されていないウィジェットは右側に表示されるので、新たに配置したいウィジェットの「＋」をクリックします。

ウィジェット名の右側にある3本線のアイコンをドラッグすれば、ウィジェットを並べ替えることができます。ウィジェットの機能はアプリによって異なるので、各アプリのヘルプなどで確認してください。

筆者が「今日」に置いているのは、次の6つです。

・Fantastical（カレンダーアプリ）
・天気
・iTunes
・SNS
・計算機
・世界時計

予定や天気をすぐに確認できるのが便利なのはもちろん、iTunesに切り替えなくても曲のスキップがおこなえるのもラクですし、思い付いたことを即座にウィジェットのSNSから投稿できるのも助かります。ウィンドウを切り替えなくても、画面の横からサッと出して使えると便利だなと感じるアプリを入れ替えたり、並べ替えたりして、今の形に落ち着きました。

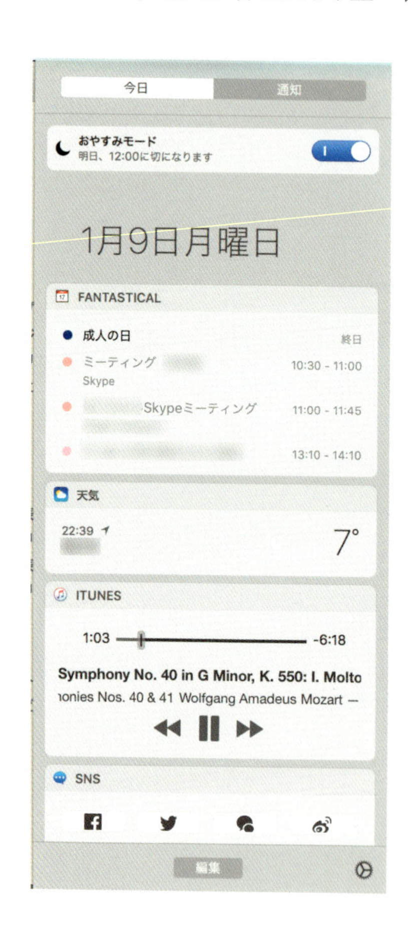

メニューバーを「完全自分仕様」にカスタマイズする

画面の一番上に、横方向に表示されているのがメニューバーです。メニューバーは、次の2つに分かれています。

・左端から横に並んでいる「アプリケーションメニュー」
・右端から横に並んでいる「ステータスメニュー」

アプリケーションメニューとステータスメニューの間はかなり離れているのですが、使っていくうちにステータスメニューのアイコンの数が増えていき、かつ、メニューの多いアプリを使う場合はメニューバーのスペースが手狭に感じられてきます。大きなディスプレイなどを使っていればあまり気にならないかもしれませんが、コンパクトなノートブックの場合、アプリケーションメニューの一部（たとえば「ヘルプ」など）にステータスメニューのアイコンが重なるなどして、とても不便を感じることになります。

そうした事態を避けるために、なるべくステータスメニューのアイコンを増やさないように配慮しつつMacを使うようにしている方もいるのですが、それも何か窮屈な感じがします。もう少し自由に、メニューバーの恩恵を最大限に活用する方法はないものでしょうか。

macOS Sierraからアイコンを移動できるように

メニューバーのアイコンを移動して使いやすい並び順にしたくても、以前のOSではできませんでした。しかし、macOS Sierraでは、標準の機能として、メニューバー上のアイコンを自由に並べ替えることができるようになりました。

メニューバーのアイコンを移動する方法は、とてもかんたんです。

Commandキーを押しながら、メニューバー上のアイコンを好きな位置にドラッグ&ドロップするだけです。

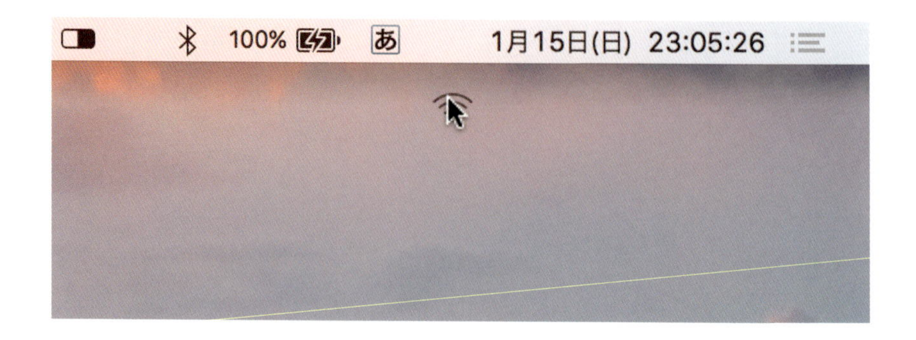

メニューバー上でアクセスすることが少ないアプリのアイコンは、なるべく左に来るように並べ替えておくと、アプリのメニューと重なっても不便を感じなくて済みます。また、メニューバー上にあっても「あまり使わないな」と感じたアイコンは、各アプリの環境設定からメニューバーに表示しないように設定を変更しておくと、本当に必要なアイコンの邪魔になりません。

Macの「システム環境設定」からメニューバー上での表示/非表示を変更できるアイコンについては、ドラッグ&ドロップ中に、アイコンの下に「×」印が表示されます。そのままデスクトップ上にアイコンをドロップすれば、表示されなくなります。

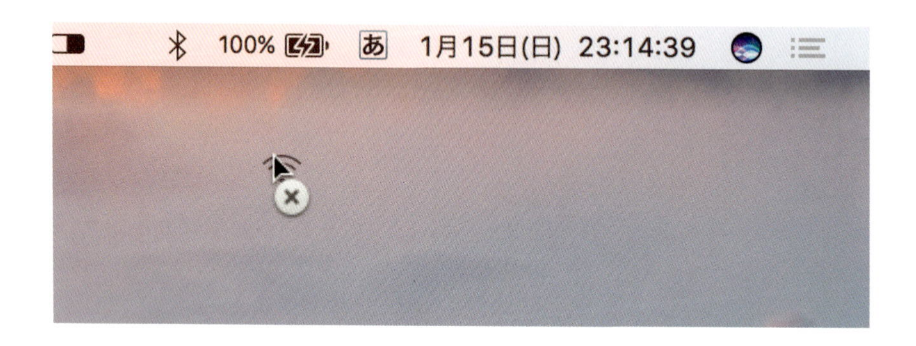

非表示にしたアイコンを再度表示したい場合は、「システム環境設定」から各項目の「メニューバーに○○を表示」オプションをオンにします（○○には各項目名が入ります）。

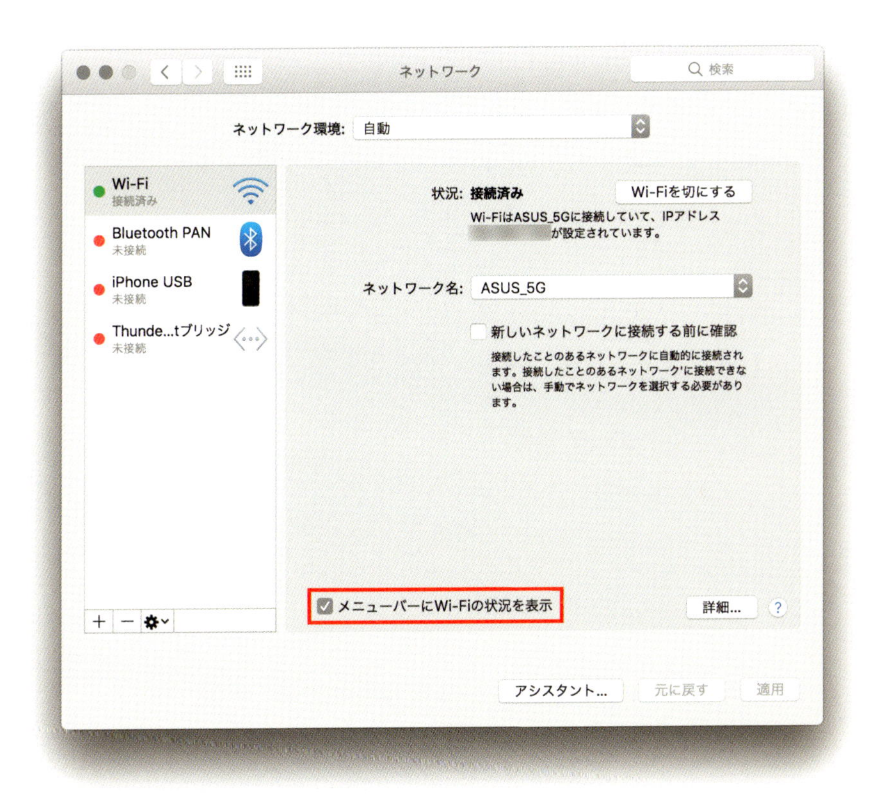

メニューバーをもっと使いやすくしたい時の「Bartender 2」

macOS Sierraになって、メニューバーのアイコンの位置を自由に動かせるようになったとはいえ、アプリをインストールしていくにつれて、メニューバーの幅が足りなくなってきます。

「いつも使うわけではないけれど、たまにアイコンからアクセスしたいメニューがある」

そんなときに限って、ウィンドウを切り替えても切り替えても、そのアイコンが見える状態にならず、困り果てることがあります。
「もっとメニューバーを使いやすくしたい！」と不満が爆発したときに助けになるアプリが、「Bartender 2」です。

・Bartender 2
https://www.macbartender.com/

macOS Sierraにも対応したこの「Bartender 2」では、アプリごとに、アイコンを「メニューバーに表示する」「Bartender Barに表示する」「非表示にする」かどうかを設定することができます。
「Bartender Bar」とは、メニューバーに「…」というアイコンで表示され、クリックすると展開されて、メニューバーの2段目として表示されるバーのことです。「普段は使わないけれど、ときどきは使う」というアイコンをこの「Bartender Bar」に収めておくと、「…」アイコンからいつでも展開して表示できるので、非常に便利なのです。

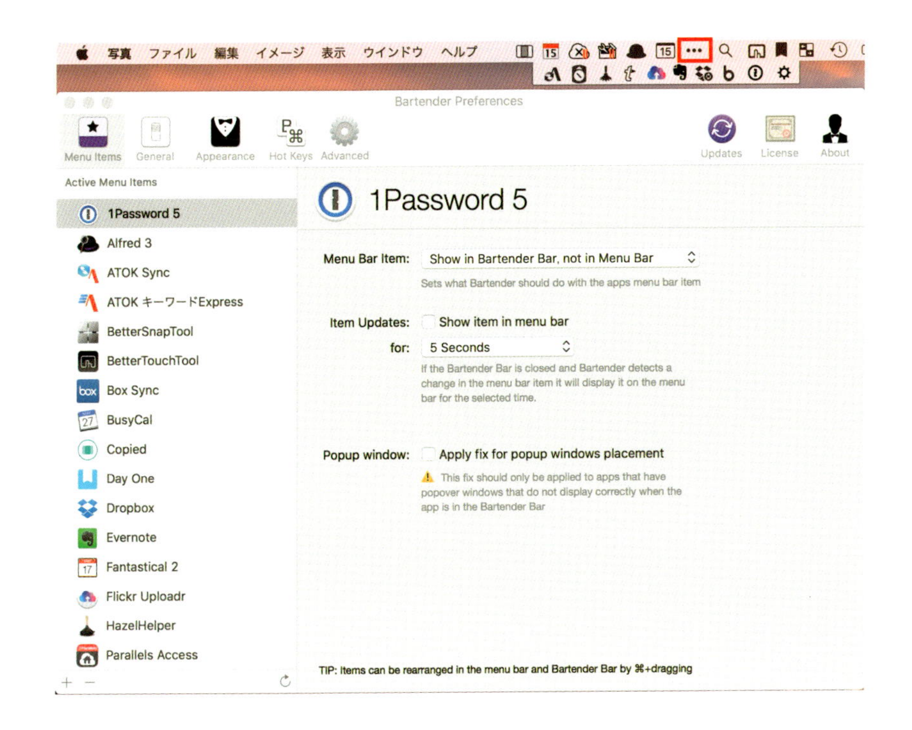

執筆時点では、日本円にして2,000円弱かかる有料のアプリですが、4週間は試用できますので、公式サイトからダウンロードして、試してみることをおすすめします。

ファイルの一括処理やフォルダの操作を楽にする

Macはファイルやフォルダの操作が苦手？

WindowsからMacへ移行して、なにが一番困るかというと、じつは「エクスプローラーとFinderの違い」ではないかと思います。筆者は、Enterキーを叩くと、ファイルが開く代わりに、ファイル名の変更モードに変わることにもびっくりさせられましたが、「Cドライブ」や「Dドライブ」に行き着く表示形式になってないことにも非常に驚かされました。WindowsとMacでは、ファイルやフォルダの扱い方が少し違うのです。

慣れればべつにどうと言うこともないのですが、Windows時代が長ければ長いほど、「ドライブからこのファイルまでのリストがほしい」というときにまごつくのです。

「Finder」は、おそらくMacを使い始めてすぐに使うことになるアプリの筆頭ではないかと思われます。Macでファイル管理をおこなう場合、「Finder」以外の選択肢を探す人はあまりいないかもしれません（大多数のWindowsユーザーも、「エクスプローラ」以外のファイル管理アプリを探さないかもしれませんが）。

macOS Sierra以前の「Finder」は、使いにくくはないけれど、やりたいことができない、ちょっと機能が足りない、かゆいところに手が届かない感じのアプリだったことは否めません。ですが、macOS Sierraになって、「Finder」は、がぜん使いやすく生まれ変わりました。macOS SierraからMacを使い始める人ならばあまり便利さを感じないかもしれませんが、以前を少しでも知っていて「MacのFinderは使いにくいんだよな」と思い込んでいるとすればもったいないことです。

「Finder」を自分好みにカスタマイズするだけで仕事がはかどるようになるケースはたくさんあります。ここで、そのコツをまとめてお伝えします。

ファイルやフォルダを見やすく表示させる

「Finder」は、「Dock」のアイコンから開くことができます。「Finder」を起動しても「Finder」ウィンドウが表示されていない場合は、「ファイル」メニューから「新規Finderウィンドウ」を選択すると開けます。

「Finder」上で、ファイルやフォルダに関して何か操作をおこないたい場合は、目的のファイルやフォルダの上にカーソルを合わせて、副ボタンをクリック（右クリック）すると表示されるメニューを使うと便利です。たいていの操作は、この右クリックメニューから実行できます。もちろん、通常のメニューからもアクションを実行できます。

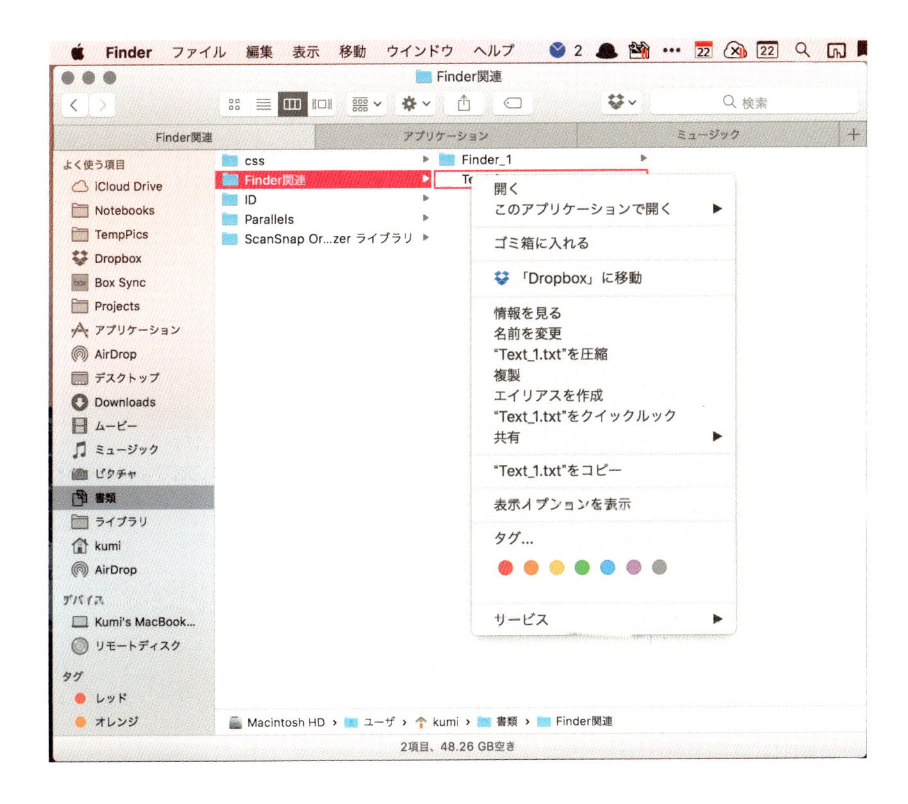

ファイルの表示方法は、次の4種類あります。

・アイコン
・リスト
・カラム
・Cover Flow

アイコン

アプリのアイコンが大きく表示されるので、どのアプリを開こうとしているのかがわかりやすいです。ただし、フォルダや同じ種類のファイルがたくさんある場合は、見分けがつきません。

リスト

アイコンに加えて、アプリ名やフォルダ名が並んで一覧できます。そのうえ、ファイルやフォルダが多い場合、アイコン表示よりも1画面に表示できるファイル数が多いので、名前順などで並べると見つけやすくなります。

ただ、フォルダを開くたびにその中身が1画面に表示されることになり、フォルダの階層がわかりにくくなるのが難点です。

カラム

フォルダの階層まで常に目に入れておきたい場合は、この表示にします。横に並んだ「カラム」により、フォルダの階層がわかりやすく、今どのフォルダを開いているのかを見失わずにすみます。

Cover Flow

独特の表示方法で、CDのカバー写真などを、流れるようにスクロールして見ていきたい場合に使います。

▼カラム表示にしたところ

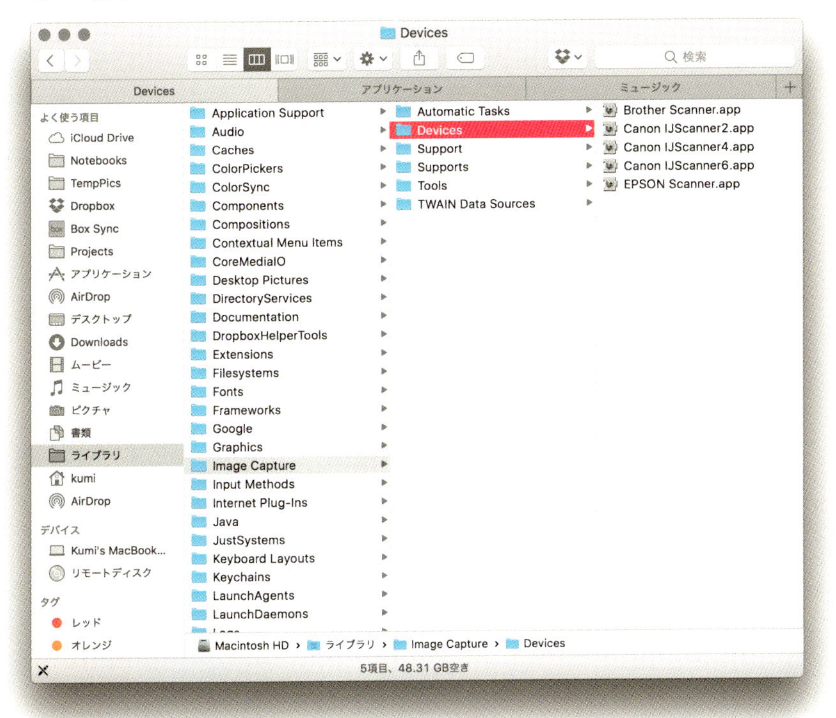

「Finder」の一番左側のカラムは「サイドバー」といい、よくアクセスするフォルダやファイルなどをここに置いておくと便利です。

サイドバーに、フォルダやファイルをドラッグ＆ドロップすれば、エイリアス（実体ではなく分身のようなもの、ショートカット）を置くことができます。「Finder」→「環境設定」を選択すると表示されるウィンドウで「サイドバー」を選択すると、各項目の表示／非表示を切り替えられます。

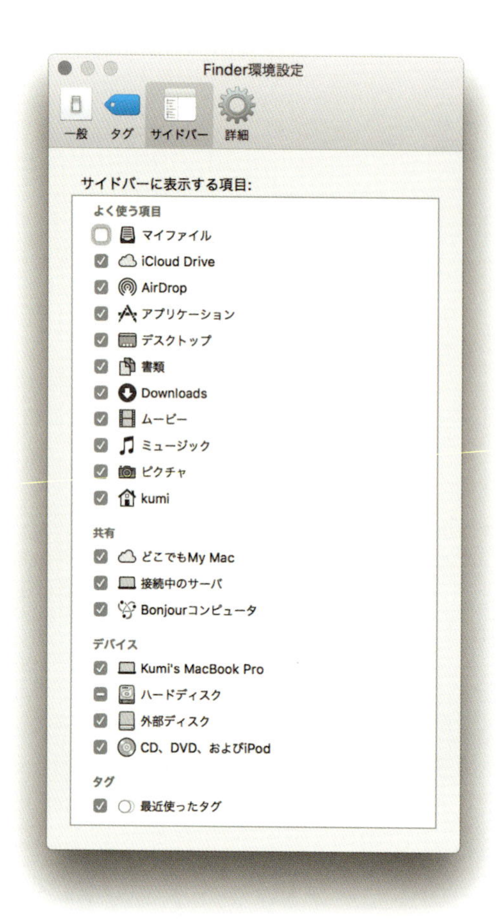

ファイル名の一括変更もお手のもの

「Finder」上でしょっちゅうおこなうことの筆頭として挙げられるのが、「ファイル名の変更」です。1つ2つならば1つずつ手動で変更してもそれほどの手間ではありませんが、ファイル数が5個くらいから、1つずつ変更するのが面倒になってきます。これが100個200個となったら、一度に全部バシッと自動で変更してほしいと思いますよね。「Finder」にも、もちろんその機能があります。

❶ 目的のファイルをすべて選択した状態にします。
❷ 「ファイル」→「X項目の名前を変更」（Xはファイルの個数）を選択します（前述の右クリックメニューからも選択可能）。

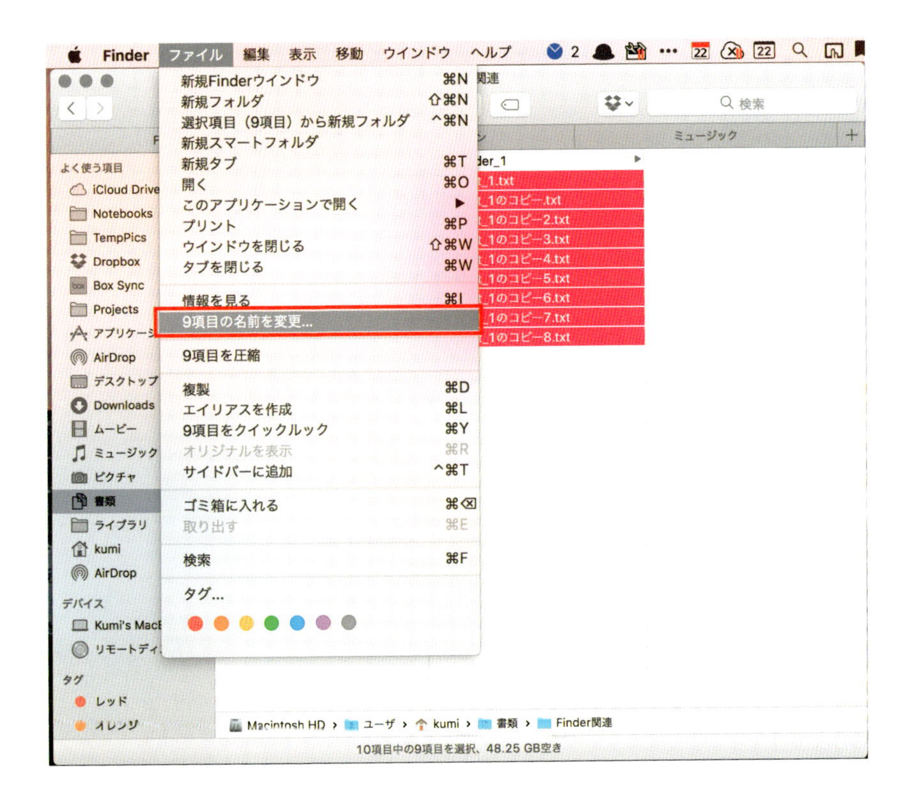

ファイル名を丸ごと変更したい場合は、以下のようにします。

❶ ドロップダウンメニューから「フォーマット」を選択します。
❷ 「名前のフォーマット」から希望するファイル名の形式を選択します。
❸ 「カスタムフォーマット」に新しいファイル名を入力します。
❹ 開始番号と番号の位置を指定したら、「名前を変更」をクリックします。

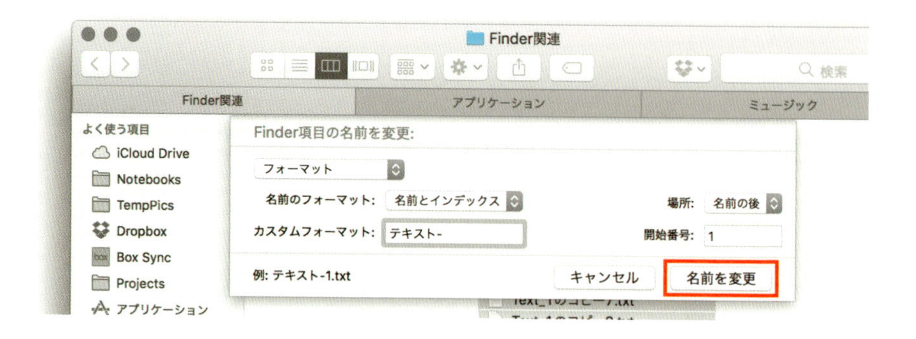

「名前のフォーマット」で形式を変更すれば、ファイル名の一部のみを置き換えたり、ファイル名にテキストを追加したりと、さまざまな形式でファイル名を変更することができます。

細かく条件を付けてファイルを検索する

「Finder」では、ファイルの検索もかんたんにできます。Mac全体を検索できる「Spotlight」でもファイルを検索できますが、「Finder」では条件を細かく指定して、目的のファイルをピンポイントで見つけることができるのです。

基本は「Finder」の右上にある検索ボックスにテキストを入力するのですが、タブの下に表示される「検索」バーの右端にある「＋」をクリックすると、たとえば「最後に開いた日が1日以内」などの条件を追加できます。こうすることで、似たような名前のファイルの中から、目的のファイルのみを見つけることができ、仕事がはかどるのです。

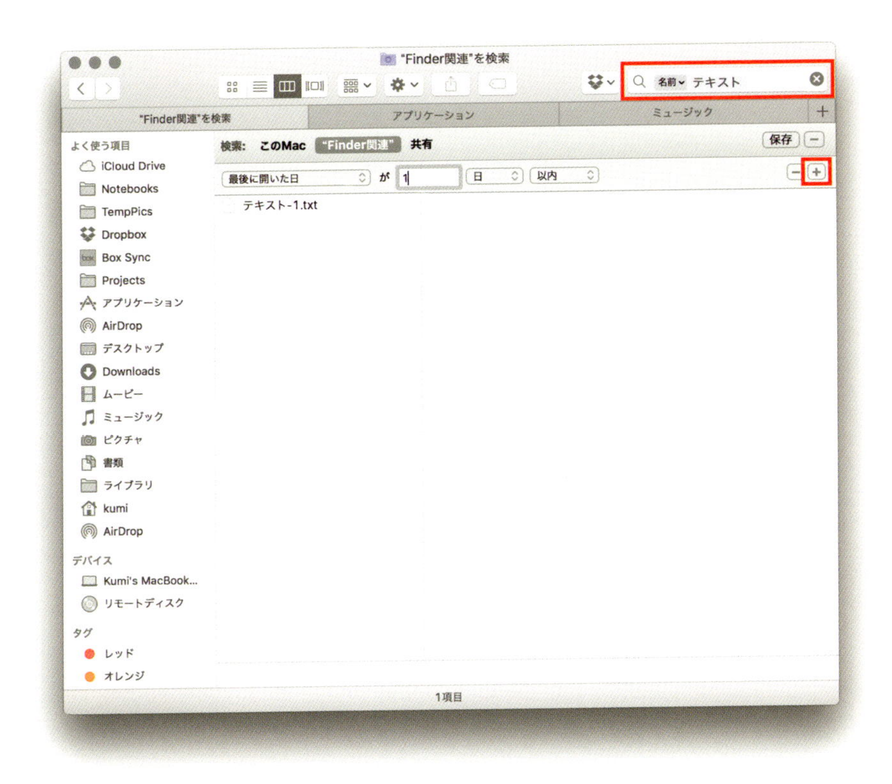

もし、その検索条件をよく使う場合、「保存」をクリックして検索条件を保存しておくと、次回からは検索条件をいちいち入力しなくても、同じ条件で素早く検索できるようになります。

スマートフォルダの名前と場所を指定してください

名前: “Finder関連”を検索.savedSearch

場所: Saved Searches

サイドバーに追加

キャンセル　保存

このように、Finderに備わっている機能をきちんと把握しておくだけでも、操作がかなりスムーズにいきます。

第3章

スタイリッシュに成果を手に入れる

写真を自在に整理する

「整理する時間がない、方法もわからない」のがあたりまえ

白銀のおしゃれなApple Storeに入るや、手が届かない大判のiPadで遊んでみたり、買うつもりもない最新のMacBookをいじり回すのは、Macユーザーの週末の楽しみ。そんなときよく遊ばれるのが「写真」アプリです。外国の男の子がスノーボードで遊んでいたり、熟年夫婦が見たこともないような草原をハイキングしていたりと、あまり自分と関係なさそうな写真をスワイプして回るのがせいぜいかもしれませんが、そういう素晴らしい体験を家族や友人にさらりと自慢して回れるような感覚を、Macは提供してくれます。

そこで、自分のMacに戻ってみましょう。自分が見せたいだけのお気に入りの写真を、即座に取り出せるようになっていますか？

そうなっていなくても、恥ずかしく思う必要はありません。いまのように、何千枚もの、無意味なものもたくさん混じっている写真を丹念に整理しているヒマなど、だれにもないからです。Macを購入すれば自動的についてくる「写真」のアプリにしても、iCloudなどのサービスにしても、サービスが提供されるからといって、操作方法まで自動的に頭に入ってくるわけではありません。

整理する時間がない。整理する方法もわからない。

だから写真は撮りっぱなしになって、せいぜい「写真」アプリのどこかにまとめて入っている“かもしれない”。

もともとこういったシステムにすぐくわしくなれる人や、調べたり試したりする時間に十分恵まれている人でない限り、だれもがだいたい同じような“ていたらく”に甘んじているはずです。

そんな「残念な」状況からサッと抜け出すべく、必要な知識をコンパクトにまとめてお伝えします。

写真の管理は「写真」アプリに一任しよう

iPhoneやiPadで撮影した写真にしろ、デジカメで撮影した写真にしろ、できるだけ手間をかけずに、まとめて管理しておきたいとしたら、「写真」アプリに任せるのが一番です。どこかのフォルダに保存しておくという方法もありますが、いざというときにその写真をピンポイントで探せるでしょうか？

macOS Sierraになって、「写真」アプリで写真を探すことがだいぶ楽になりました。キーワードや地名などで写真を素早く検索できるほか、人の顔で写真を分類することもできるので、人物別の写真を見つけることも、比較的苦もなくできます。また、Siriを使って「飲み物の写真を探して」などと命令するだけで、「写真」アプリ内に検索の結果が一覧表示されるので、かなり便利です。

「メモリー」機能では、過去の写真が自動的にグループ分けされるので、「過去3か月」「新宿区」などのくくりで、過去の写真を見返すこともとてもかんたんです。

iPhoneやiPadなどで撮影した写真は、iCloudを使えば、自動的に「写真」アプリにまとめて表示されます。SDカードから読み込んだり、デジカメを直接Macに接続して写真をインポートする場合も、どこかのフォルダではなく、「写真」アプリに取り込むように決めておくようにしましょう。

ほかにも写真管理アプリはありますが、Macに標準でインストールされている「写真」アプリならば、追加インストールや難しい設定なども必要なしに使い始められるので、まずはこれを母艦として使っていくのがおすすめです。

ハードディスクの容量をできるだけ圧迫しないで写真をたくさん保存するには

写真を「写真」アプリに追加しても、ハードディスクの容量には限界がありますから、すべてのデータを保存し続けられるわけではありません。ハードディスクの容量をできるだけ圧迫せずに、できるだけ元の写真をたくさん保存し続ける方法として、「iCloudフォトライブラリ」という機能が用意されています。これは、クラウドストレージサービスである「iCloud」に写真の原本を保存するための機能です。

「iCloudフォトライブラリ」は、以下の手順で有効になります。

❶「写真」アプリの「写真」メニューから、「環境設定」を選択します。
❷ 表示されるウィンドウで「iCloud」を選択し、「iCloudフォトライブラリ」をオンにします。

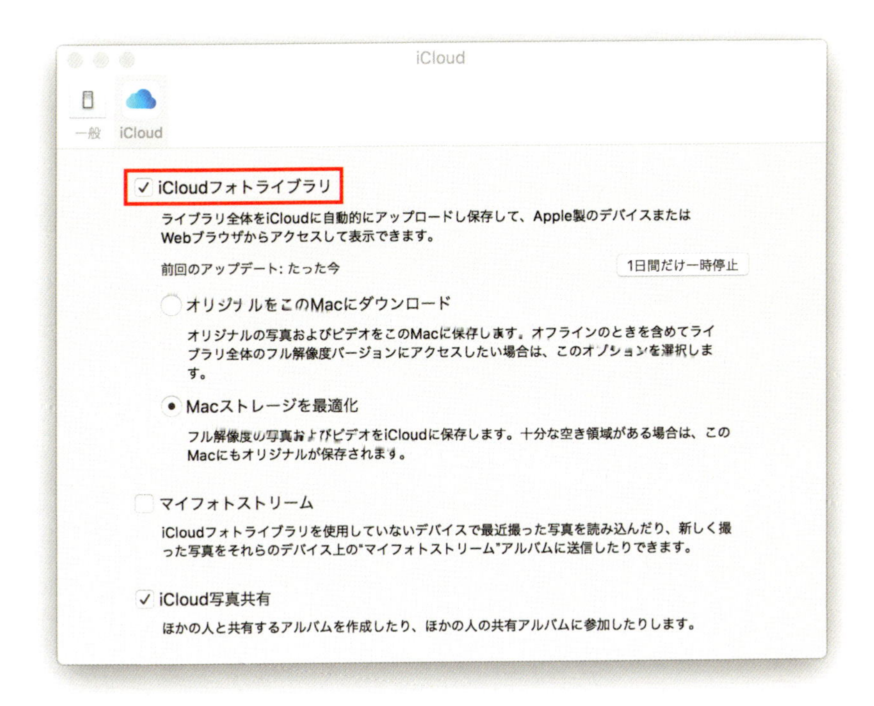

同じウィンドウで「Macストレージを最適化」をオンにしておくと、元の解像度の写真はクラウドに保存したまま、サムネイルを「写真」アプリに表示してくれるため、Mac本体のストレージを圧迫しなくなります。

「iCloudフォトライブラリ」で利用するiCloudストレージは、iCloudにアカウントを作成すると、自動的に5GBまでは無料で利用できます。ただ、写真やビデオをすべてiCloudに保存すると、あっという間に5GBは埋まってしまうので、今後もずっと写真をiCloud Driveに保存したいなら、有料プランに移行する必要があります。執筆時点でのiCloudストレージプランの料金（月額）は、次のとおりです。

・50GB　→　130円
・200GB　→　400円
・1TB　→　1,300円
・2TB　→　2,500円

「写真」アプリの「iCloud」設定内には、「iCloudフォトライブラリ」の設定のほかに、「マイフォトストリーム」というオプションもあります。「マイフォトストリーム」をオンにしておくと、「iCloudフォトライブラリ」を使っていなくても、複数のデバイス間で、写真を自動的に共有できます。ただし、マイフォトストリームに表示される写真は1,000枚までで、それ以上になると古い写真から削除されていくので、注意してください。

「iCloud Driveに写真を保存したくないし、月額料金も払いたくない」という場合は、写真の管理のみ「写真」アプリでおこない、元の写真はMac本体や外付けのハードディスクドライブ（HDD）などを自分で用意して保存するという方法も考えられます。自分で環境を準備する手間と、お金がかかることには変わりないのですが、いずれにせよ、写真が多い場合は、何らかの方法で保存先を確保しておく必要はあります。

写真に「キーワード」を設定しておくと便利

写真は、日付や場所など、さまざまな条件で自動的にグループ化されるのですが、自分で設定したキーワードを付けておくと、断然探しやすくなります。

キーワードは、「ウィンドウ」メニューから「キーワードマネージャ」を選択すると表示されるウィンドウで設定します。「キーワードマネージャ」で「キーワードを編集」をクリックすると、既存のキーワードを編集したり、削除したりできるほか、新たにキーワードを作成することができます。

複数の写真を選択してから、この「キーワードマネージャ」上で、目的のキーワードをクリックするだけで、写真にキーワードを追加できます。

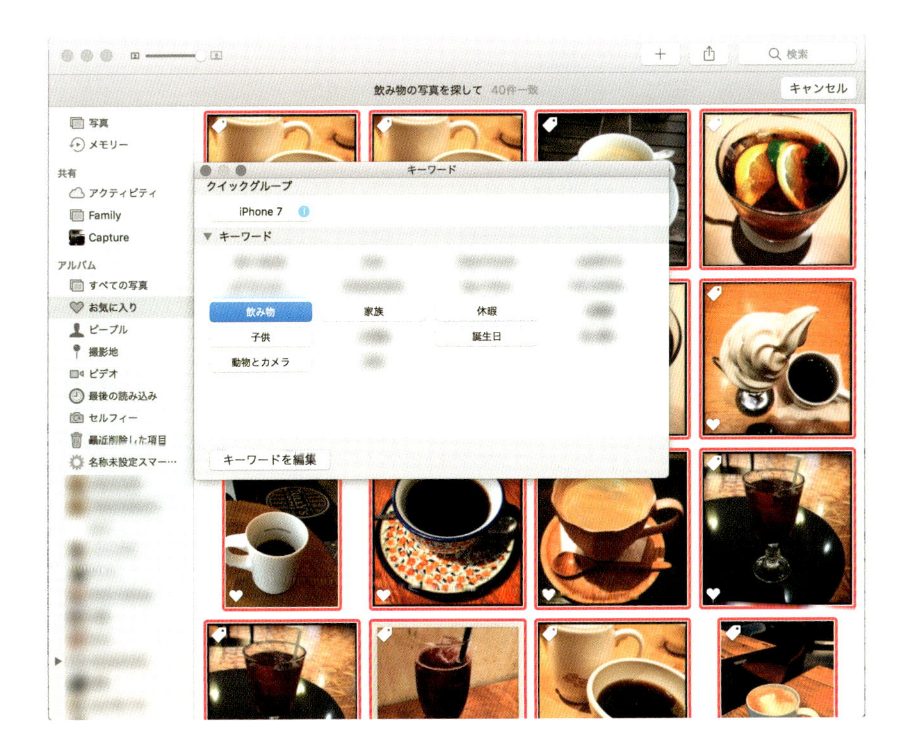

「スマートアルバム」で自動的に写真をアルバムにまとめれば楽

写真にキーワードを付けておくだけでも探すのが楽になるのですが、「スマートアルバム」機能を使うと、もっと写真を整理しやすくなります。

macOS上のいろいろな場面で、「スマート」なんとかというメニューが出てきますが、これらはみな「条件に合うファイルのみを自動的に探し出してグループ化してくれる」機能です。「写真」アプリでは、それが、「アルバム」になるということです。たとえば、

- **「お気に入り」であり**
- **キーワードに「飲み物」と付いている写真**

という条件すべてにあてはまるように設定しておく、といったことができます。

スマートアルバムを作成するには、「ファイル」メニューから、「新規スマートアルバム」を選択すると表示される画面で、条件を設定します。条件は、キーワードや日付などのほか、シャッター速度や焦点距離などの撮影時の設定なども選択できます。

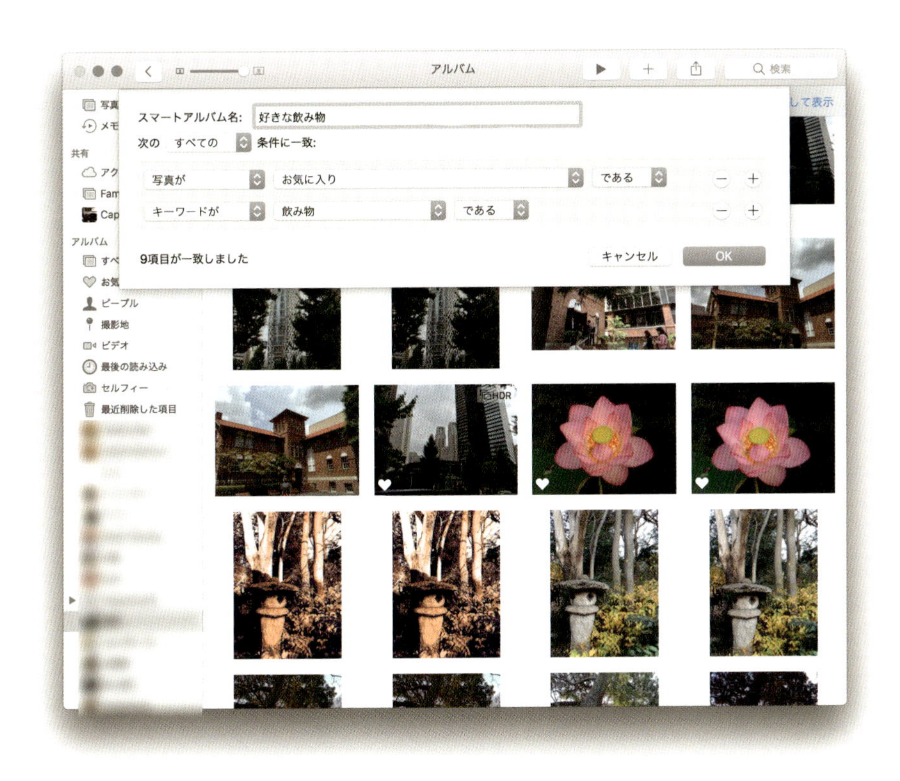
アルバム
検索
スマートアルバム名:
好きな飲み物
次の
すべての
条件に一致:
写真が
お気に入り
である
キーワードが
飲み物
である
9項目が一致しました
キャンセル
OK
ピープル
撮影地
ビデオ
最後の読み込み
セルフィー
最近削除した項目

サクッと写真を編集する

写真の編集って、面倒ですよね。慣れている人にはどうってことないのかもしれませんが、そもそもどのように編集すれば“いい感じ”になるのか、知識がない人からしてみれば手が出しにくい領域です。

もちろん、知識をつけるために本を読んで、時間をかけてじっくりと編集すればできるのかもしれませんが、そんなやり方は決して“スマート”とは思えないし、第一やりはしないでしょう。

そもそも、ほとんどの“普通の”人にとって、写真の編集というのは、たとえば年賀状を出すときや、「パソコンを使って、自分はこんなこともできる」ということを子どもや友達に自慢するときだけに必要な技術です。だから、時間をかけたり、お金をかけるわけにはいかないのです。

そうはいっても、「編集しないほうがマシ」なような編集しかできないと、家族や友達に小バカにされるかもしれませんし、せっかくMacを使っている甲斐がないというものです。そこで、あまりお金をかけずに、いかにも「プロっぽい」写真編集を短時間でサクッとこなしてしまえるための知識を押さえましょう。

とりあえず「補正」を使ってみる

iPhoneや一般的なデジカメで写真を撮影すると、たいていの場合、写真のファイル形式は「JPEG（ジェイペグ）」となります（写真ファイルの拡張子が、「.jpg」あるいは「.jpeg」のようになる）。知っておいていただきたいのは、この「JPEG」形式の写真の補正には限界があるということです。

自分の思うがままに写真を調整したい場合は、何の加工も施していない「RAW（ロウ）」形式で写真を撮ることです。RAW形式ならば、「どこをどのくらいの明るさで、どんな色味にするか」を、JPEG形式よりはかなり自由に変更できます。本格的なデジタルカメラや一眼レフなどは、RAWモードで撮影できるようになっています。

ただ、RAWファイルは、サイズが大きくなるうえ、写真のデジタル現像の知識がない人にとって、うまく調整するのはかなり難しく大変な作業になります。そこで、普通は親しみやすいJPEG形式で写真を編集します。

Macの「写真」アプリでもRAW形式の写真を扱えますが、ここでは話をかんたんにするために、JPEG形式の写真を編集するものとして話を進めます。

最もかんたんに写真をいい感じにするには、「補正」ツールを使います。

❶「写真」アプリで、編集したい写真のサムネイルをダブルクリックします。

❷ 拡大表示されるので、ウィンドウの右上にある「詳細」の左隣の「写真を編集」アイコンをタップします。

❸画面の右側に編集用のツールが表示されるので、一番上にある「補正」をクリックします。

これだけで、なんとなくボヤッとしていた写真にメリハリが付くようになります。「補正前のほうがよかった」という場合は、「オリジナルに戻す」をクリックすれば、元に戻ります。

難しい操作をできるだけ避けたい人は、この「補正」ツールだけを覚えておけば、とりあえずOKです。

「フィルタ」で写真をカッコよく魅せる

「補正」ツールで補正した写真もいいけれど、もう少し「カッコいい感じ」にしたい。

たとえば、「Instagram」に投稿できるような、“雰囲気のある写真”にしたい。

そんな場合は、「フィルタ」を使ってみましょう。クリックするだけで、インスタントカメラで撮影したようなレトロな色合いの写真になったり、無機質な未来感のある写真になったりと、一瞬で変化するので重宝します。

「写真」アプリには、全部で8種類のフィルタがあらかじめ用意されています。そのうち3種類がモノクロ系のフィルタなので、カラーのままフィルタをかけたい場合は、さらに選択肢が狭まります。

筆者のおすすめは、「クローム」フィルタです。なんとなくモノの輪郭や色味がぼんやりした写真を、一瞬で「キリッ」とした写真に変えてくれます。

明るさや色を少しだけ調整してみる

自動補正とフィルタにも満足できない場合は、「調整」ツールを使って、「ライト（明るさ）」や「カラー（色）」の数値を細かく変更してみて、思い描く写真になるように微調整します。

「調整」ツールを選択すると、「ライト」や「カラー」というメニューが表示され、写真のサムネイル上にスライダーが表示されます。このスライダーを左右に動かして、明るさや色をかんたんに調整することもできますが、「ライト」や「カラー」というメニュー名の右端にある下向きの矢印をクリックすると、「露出」「ハイライト」「彩度」「コントラスト」などといった項目別に、細かく数値を指定することができます。

本格的な写真編集アプリ「Affinity Photo」

さらに本格的に写真を編集したい場合は、App Storeなどで写真編集アプリを購入することになります。筆者が普段使っており、本書の執筆時にも使っているのが、「Affinity Photo」です。

写真編集アプリといえば真っ先に名前の挙がる「Adobe Photoshop」は、仕事で使うのでなければオーバースペックですし、サブスクリプションモデル（月額／年額課金制）のため、個人で使うには少々ハードルが高いでしょう。一方、Affinity PhotoはApp Storeで購入できますし、買い切り型です。執筆時点では、アップデートも無償で続けられています。機能が多いため、まったく写真アプリを触ったことがない人には少しばかり操作が難しいかもしれませんが、ある程度自由に編集したいという人には最適です。

Affinity Photoの一部の機能は「写真」アプリにも組み込まれます。そのため、Affinity Photoを起動しなくても、「写真」アプリから拡張機能として使えるのも魅力です。

アプリに組み込まれる拡張機能については、「システム環境設定」→「機能拡張」でオン／オフを切り替えることができます。

コーヒー片手に声でMacを操作する

Macに話しかける習慣を作る2つの質問

iPhoneがSiriという「音声アシスタント機能」を搭載したての頃、音声での操作は非常に注目を集めました。いまでも、朝起きるためのアラーム設定や、天気や株価情報、キッチンタイマー代わりに使っているという人は多いでしょう。

しかし、物めずらしさによる熱気が冷めてしまったのか、ブログなどで頻繁に取り上げられたりはしなくなりました。だからなのか、Mac版にSiriが搭載されたということは、物めずらしさによる熱気で話題にされることもないようです。しかし、iPhoneをいちいち取り出さなくても、Macに「声でやってほしいことを伝える」ことができるのが便利なケースはけっこうあります。

たとえば、「住所から地図検索をかける」といった場合でも、iPhoneを操作しているならiPhoneのそれこそSiriを呼び出してもいいでしょうが、Macの画面に向かっているならいちいちiPhoneやスマホを取り出すことなく、Macに尋ねたほうが軽快です。

また、大人になると「今日は何日だったっけ？」とか「何曜日だった？」と人に尋ねることが多くなりますが、他人に尋ねても、自分と同じように知らないものです。これも、Macに向かって「今日は何曜日？」と尋ねると、日付つきで確実に正しい答えを教えてくれます。

これがさほど便利だと思えないとすれば、たぶんとっさに使っていないからです。とっさに使っていない理由は、「Macに話しかける」などという習慣がないからでしょう。

習慣は、作ることができます。毎朝でも、Macの電源を入れたら必ず

「今日は何曜日？」

「今日は暑い？（寒い？）」

と、問いかけるようにしてみましょう。最初はこの2つだけでいいので、毎朝やるようにしていると、「Macに尋ねる」という習慣が形成されます。気がつくと

「12700÷4は？」

とMacに尋ねるようになっています。もちろん、人間に尋ねるより速く正確で、文句1つ返さずに、「声」で答えを出してくれます。

Siriにできることは Siriに聞こう

まず注意していただきたいのは、Mac版のSiriは、iPhoneのSiriのように「Hey Siri」と話しかけても動作してくれません。おそらく、Macを使っている人はiPhoneも使っている可能性が高く、Macでも「Hey Siri」でSiriが起動してしまうと、あっちでもこっちでも起動することになって、混乱するからではないかと考えます。

将来的には、何か別の呼びかけ方で起動するようになるかもしれませんが、今のところは、次のいずれかの操作でSiriが起動するようになっています。

- メニューバーにあるSiriのアイコンをクリックする
- キーボードのショートカットキーを押す

このショートカットキーは、「システム環境設定」→「Siri」→「ショートカット」で変更できます。Siriを使う時には、インターネットに接続している必要があります。

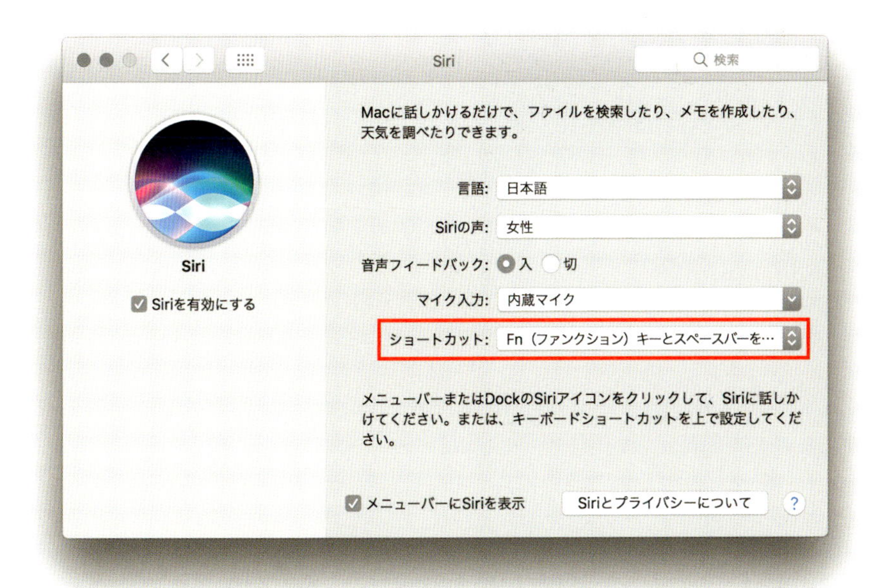

Siriを使ってみようと思ったとき、「じゃあ、Siriにできることってなんなの？」と疑問に思うでしょう。そんな時は、ヘルプなどを探すよりも、Siriに聞くのが手っ取り早いです。

「Siriでできることは？」

こう聞くだけで、「私には、以下のように指示できます」などと言いながら（台詞はときどき変わります）、画面の右側に、Siriに頼めることをズラッと一覧表示してくれます。慣れないうちは、この中から使いたい項目を選んで、例文の真似をして頼んでみるといいでしょう。

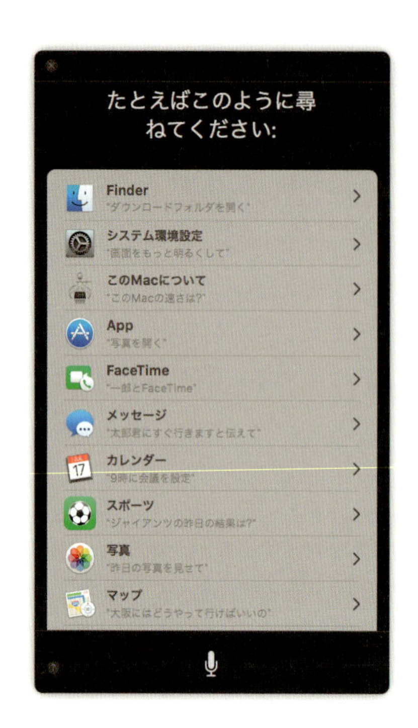

やはり慣れないと気恥ずかしい感じはしてしまうのですが（そばに人がいたらなおさら）、慣れさえすれば、わざわざキーボードやマウスで操作しなくてもさまざまな操作をちゃちゃっとやってくれるので、本当に便利です。

超絶便利なお願い「写真を探して」

写真の整理のところでも少し触れましたが、Siriに頼めることで便利なのが、ファイルや写真の検索です。たとえば、「PDFファイルを探して」と言えば拡張子に「PDF」が付くファイルを一覧表示してくれますし、「スクリーンショットというファイルを探して」と言えばファイル名に「スクリーンショット」が含まれるファイルを一覧表示してくれます。サッと表示してくれるさまは、まるで自分専属のアシスタントに頼んでいるような気分にさせてくれます。

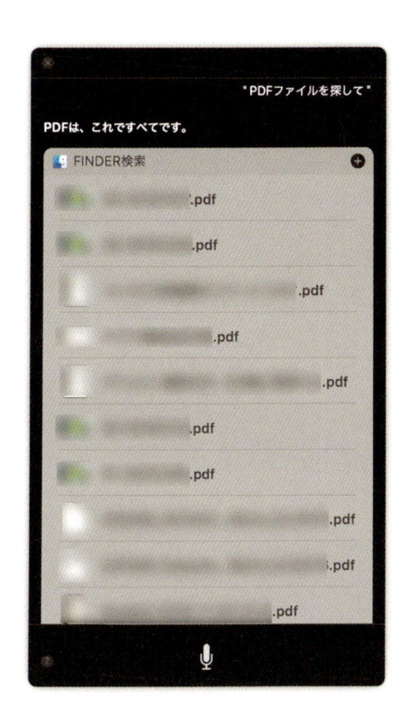

探し物で便利なのが、写真の検索です。「写真」アプリに

「飲み物の写真を探して」

などのように頼むと、「写真」アプリに、見つかった写真がすべて表示されます。「飲み物」として自分が写真を分類していないのにもかかわらず、飲み物が写っている写真だけが表示されるのがすごいところです。「写真」アプリの検索ボックスに「飲み物」と入力したときと、結果に表示される写真の枚数が異なるので、幅広く似たような写真を見つけたいときには、Siriに頼むほうが確実です。

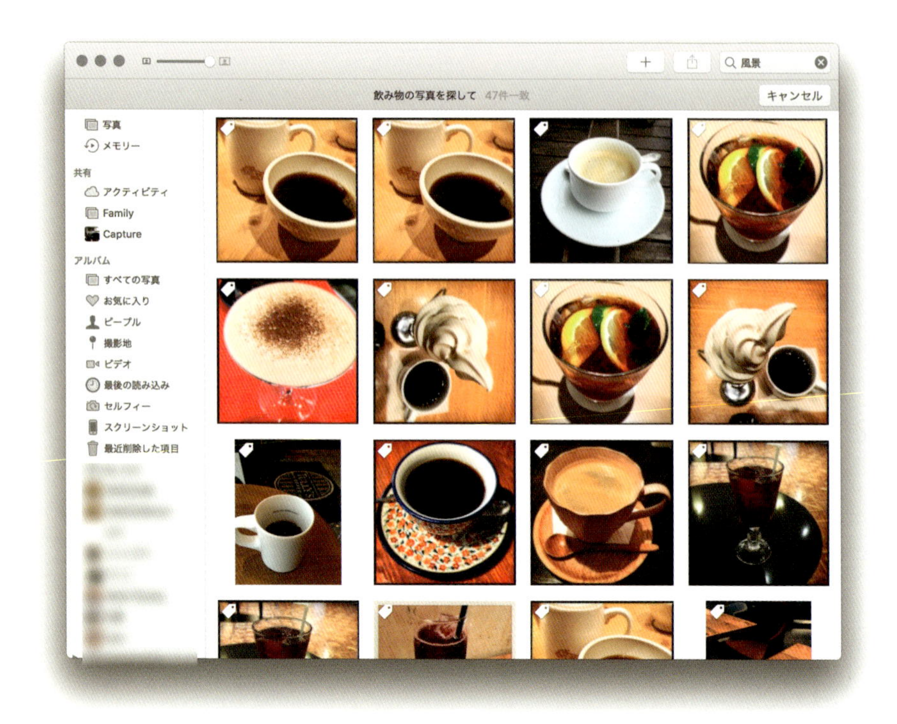

ただ、何でも探してくれるわけではありません。実際に写真があるのに「ありませんでした」と言われることもあるので、Siriが得意な探し方を自分なりに試行錯誤していく必要はあります。

「Finder」と「システム環境設定」はMacならではの操作対象

iPhoneやiPadでもSiriは使えますが、「Finder」関連と「システム環境設定」関連の命令は、当然のことながらMacでしか利用できません。たとえば

「書類フォルダを開いて」

と言えば、Finderが自動的に起動して、「書類」フォルダを開いた状態で表示されます。同じ名前が含まれる複数のフォルダが見つかった場合は、Siriのウィンドウ内にフォルダ候補が一覧表示されるので、自分で選択します。ファイルの検索も同様です。
「システム環境設定」に関連する命令で便利なのは、「システム環境設定」そのものを表示させる命令です。

「システム環境設定を開いて」

と言うだけで、システム環境設定が開きます。
もう少し踏み込んで命令すると、設定を直接変更することができます。たとえば

「画面を暗く（明るく）して」

と頼むと、「少し暗くなりました」あるいは「少し明るくしました」と言って、自分で操作しなくても、画面の明るさを調整してくれます。

大切なのは、「自分にとって、どのようなことをSiriに頼むと便利なのか？」を、使って試してみながら覚えていくことです。使い込んでいくうちに、Siriのクセがわかります。Siriが確実にやってくれることで、自分がよくやる操作を頼むようにすれば、それこそ本当に、コーヒーを片手に自動的に仕事をしてもらえます。

Macを「情報チャンネルボックス」にする

私たちが目にすることのできる情報量は、すでに限界を大きく超えたまま増え続けています。そういった状況なので、「自分の欲しい情報だけ」を「自動的にラクに集め」て「手軽にインプット」したいというニーズはずっと高止まりしたままです。

以前は、毎日の新聞と、録画できないテレビのニュースが、ほぼ唯一の情報源でした。だから選ぶ努力はいっさい要らなかったし、それでほかの人に「情報格差」をつけられるなどという心配もありませんでした。一方、いまのような時代には、むしろ「自分のためだけの新聞」をどうやって手に入れ、その質を保つかが課題になっています。そして、それができたら、毎日がもっと豊かになります。

RSSを利用して「自分のためだけの新聞」を作る

大量の情報を収集するために、その都度、Googleなどの検索エンジンに語句を入力して検索をかけたり、おもなメディアを直接見に行ったりしていたのでは、それだけで1日が終わってしまいます。

「いかに効率よくニュースをチェックできるか？」
「いかにして一度チェックした情報を再度見つけやすくするか？」

が、毎日の仕事を円滑に進めるための鍵になります。

どのWebメディアが、自分にとって必要な情報を配信してくれているかは、慣れないうちは判断が難しいため、最初のうちはとりあえず気になるWebメディアをくまなくチェックします。チェックしていくうちに、気が付くと必ずチェックしているWebメディアが出てくるので、数を絞り込んでいきます。

その際、真っ先に利用するのが、Webメディアが配信している「RSSフィード」です。RSS（RDF Site Summary）とは、ニュースサイトやブログなどが配信するデータのことで、更新した記事の一部または全文が含まれます。おもなWebメディアは、たいていの場合、RSSフィードを配信しており、Webサイト内のどこかにRSSフィードへのリンク（URL）が貼られています。

▼下の方にあるオレンジ色の「RSS/ATOM」がRSSフィードへのリンク

このRSSフィードは、そのままWebブラウザのアドレスバーに貼り付けても内容が表示されますが、それではサイトを1つ1つチェックしていくのと手間が同じになってしまいます。そこで、「RSSリーダー」と呼ばれるサービスを利用して、複数のRSSフィードをまとめて読むのです。

一番人気のあるRSSリーダーは、「Feedly」です。

・Feedly

https://feedly.com/i/welcome

Webブラウザから見られるほか、専用のiOSアプリやAndroidアプリも用意されています。また、Feedlyに対応しているMac用アプリやiOSアプリも多く開発されています。Feedlyを利用していれば、クライアントアプリの選択肢も広がるといえます。

ただ、Feedlyの機能をフル活用したいと思った場合、5ドル以上の金額が毎月かかることになり、仕事で本格的に利用する場合以外は少々ハードルが高いかもしれません。

読んだ記事をほかのサービスにスムーズに保存できるようにする

いずれのRSSリーダーを利用する場合でも、Webブラウザから利用するのであれば、MacでもWindowsでも、そう使い勝手は変わらないかもしれません。しかし、たとえば記事をチェックしていて

「これは後でじっくり読むために、Instapaperに保存したい」
「この記事は今度のブログのネタになるから、Evernoteに保存したい」

などと思った場合、RSSリーダー内から直接これらのサービスに保存できるようにするためには、別途有料プランに申し込まなければならなかったり、記事を別のウィンドウやタブで開いてからブラウザのプラグインを使って保存しないといけなかったりと、どうもスムーズにいかないことがあります。

このような一連の動作を、1箇所に留まったままスムーズにおこないたい場合に威力を発揮するのが、「Reeder」というアプリです。

「Reeder」は、Mac App Storeで購入できます。Macで利用できるRSSリーダーは、Mac App Storeで検索するだけでいくつも見つかりますが、OSのアップデートに合わせて継続的にアップデートされているのは「Reeder」ぐらいしかありません。「Reeder」にはiOS版もあるのですが、それぞれは独立したアプリとなっていて、設定の同期機能などはありません。

「Reeder」で対応しているWebサービスのRSSリーダーは、Feedly、Feedbin、Inoreader、Feed Wranglerなど多岐にわたっています。また、「Reeder」に直接RSSフィードを登録して、どのサービスとも同期させずに「Reeder」単体で利用することもできます。

さらに、記事を保存したりシェアしたりするために連携できるサービスは、Twitter、Facebook、Buffer、Sina Weibo、Instapaper、Pocket、Evernote、LinkedInと、こちらも多数あります。それぞれのサービスに好きなショートカットキーを割り当てることができるので、カスタマイズすることで、記事をチェックしてから振り分けて保存するまでを、無意識でできるレベルにまで使いやすくすることができます。

記事の読みやすさを追求する

「Reeder」の一番の特徴は、記事を読みやすいようにテーマをカスタマイズできることです。シックなベージュを基調としたテーマをはじめとして、全部で9種類のテーマが用意されています。テーマの設定のほか、フォントの種類、サイズ、行間などに至るまで、自分の読みやすいように設定を変更することができます。

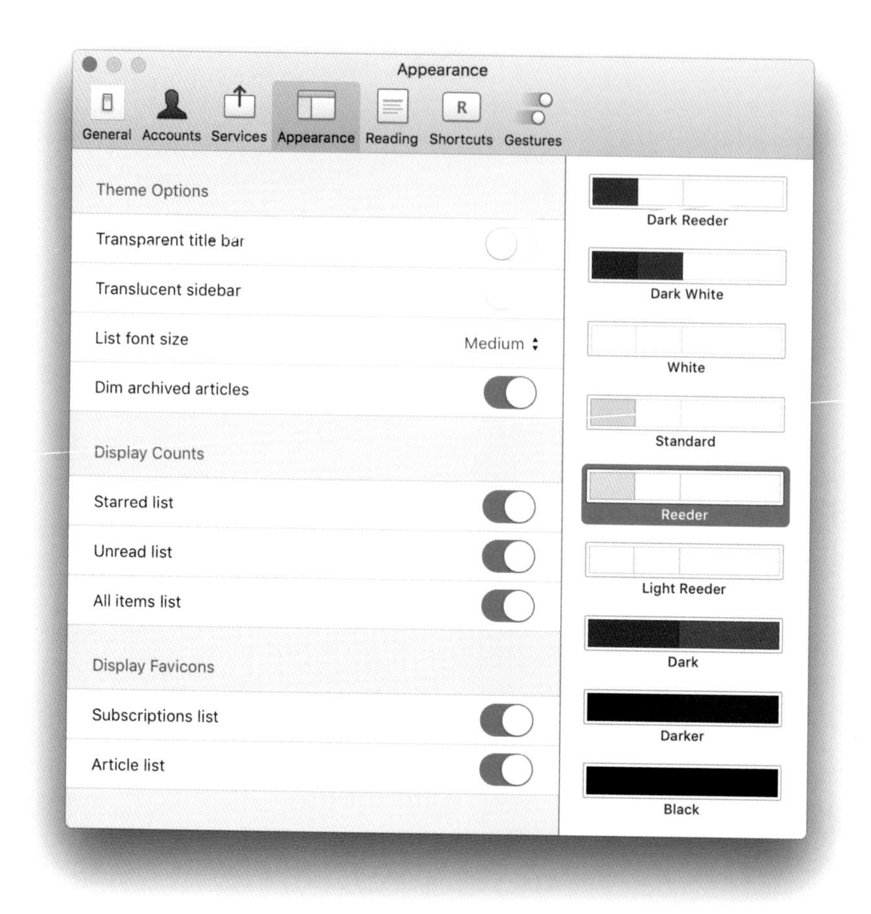

また、読んでいる記事のリンクを開く際には、アプリに内蔵されているブラウザを使うか、いつも使っているChromeやSafariなどのブラウザにバックグラウンドで表示するかどうかを設定できます。「Reeder」内蔵のブラウザでも動作が速いので、基本的にはブラウザ内でリンクを開く設定にしておくと、「Reeder」から離れることなくリンク先を確認できて効率がいいです。履歴を残さずにリンク先を閲覧できる「プライベートブラウジング」モードも備わっています。

記事を読んでいる最中の操作性も、素早く記事を読むのに欠かせない要素です。「Reeder」では、ショートカットキーのカスタマイズ機能が充実しているので、自分が直感的に使えるショートカットキーを設定しておくことで、手放せないツールとなるでしょう。ショートカットキーは、以下のようなほぼすべての操作に対して設定できます。

- 記事やフォルダ間の移動
- 既読／未読の切り替え
- スターのオン／オフ
- タグの表示
- 各種サービスの呼び出し
- テーマの切り替え

また、トラックパッドを使用している場合は、スワイプやピンチイン／アウトの操作で実行できるアクションもカスタマイズできるので、iPhone／iPadを使っているのと同じような感覚で操作できて快適です。

ほかのアプリとの連携で新しいワークフローができる

「Reeder」で記事を読んでいると、中には、後でもっとじっくり読みたい記事や、参照資料としてとっておきたい記事などに出くわします。そうした記事は、「Reeder」の中でスターを付けておくだけもいいのですが、「Reeder」では追加のタグを付けて記事を整理したり、メモを書き込んだりすることができません。そのため、たいていは、記事をその他のWebサービスに保存したり、共有したりして仕分けることになります。

そうした一般的な保存先や共有先のほか、特定のアプリをインストールしていると使える機能もあります。

タスク管理アプリの「OmniFocus」

記事を「OmniFocus」のインボックスに保存できるので、記事を読んで何かアクションを起こす必要があるタスクが発生した場合にすぐに対応できます。

カレンダーアプリの「Fantastical」

記事のタイトルを元に予定を作成できるので、「参加したいイベントの記事があったら、すぐさまカレンダーに予定として登録してしまう」というアクションが、「Reeder」上で完結します。

ブログ執筆用アプリの「MarsEdit」

記事を元に、新たにブログ記事を書くのがかんたんになります。

「Reeder」を、単なるRSSリーダーとしてだけではなく、情報のハブとして使えば、記事を各種サービスに仕分けて保存するというワークフローができあがります。

プレゼンテーションで Macの本領を発揮する

ビジネスで「説得力に満ちたプレゼンテーションを作る」というタスクはよくあるでしょう。必ずしも自分がプレゼンするわけでなくても、上司のために資料を用意することは、いまではごく一般的な仕事になっています。

Macには、標準で「Keynote」という軽快で扱いやすいアプリが装備されています。なんとなく使うだけでもひととおりのことができそうな優れものですが、プレゼン資料を作る際の大きな問題は、何かと時間がかかることです。「なにを、どこまで作り込めばゴールなのか？」という線引きがちょっと難しいのです。

それだけに、なるべく早い段階で資料作成というタスクに取りかかっておきたいところ。そのためにも、アプリの扱いに習熟しておいて、苦手意識を持たないようにしましょう。苦手意識を持ってしまうと、どうしてもタスクを先送りしたくなるからです。Keynoteの最低限必要な知識を押さえておきましょう。

まずは「マスタースライド」を押さえておこう

Keynoteを使い始めるときに、まず理解しておくべきは「マスタースライド」の概念です。じつのところ、「PowerPoint」にも「マスター」はあります。要するに、プレゼンテーション用アプリを使う時に欠かせないのが「マスター」ということになります。

マスタースライドは、テンプレートとは少し概念が異なります。テンプレートは「スライド全体の型」ですが、マスタースライドは「各スライド（ページ）ごとの型」となります。

たとえば、次のような構成の15ページ分のスライドを作るとします。

スライド1　　　→　タイトル
スライド2　　　→　セクションタイトル
スライド3～9　　→　説明
スライド10　　→　セクションタイトル
スライド11～15　→　説明

このとき、すべてのページでレイアウトがコロコロと変わり、テキストや図の並べ方がそろっていないと、見ているほうはそのレイアウトに気を取られてしまい、内容に集中できなくなります。この例でいうと、「セクションタイトル」と「説明」は同じ体裁のほうが、見ている側にも伝わりやすいのです。

ですが、同じ体裁にしたいスライドが登場するたびに、テキストボックスを新たに並べて、フォントの種類やサイズをそろえて……などとやっていたら、大変な手間がかかるうえに、思ったようには体裁が整わない可能性もあります。

そこで登場するのが、「マスタースライド」です。マスタースライドに、「セクションタイトル」スライドのデザインや、「説明」スライドのデザインを指定しておけば、新しいスライドを追加する際、そのデザインの中から最適なものを選択するだけで、かんたんに同じ体裁にすることができるのです。

まずは、新しいスライドをテンプレート一覧から選択して作成します。

シンプルなスライドを作りたい場合は、「ブラック」または「ホワイト」を選択しますが、ここでは「即興」というテンプレートを選択しています。

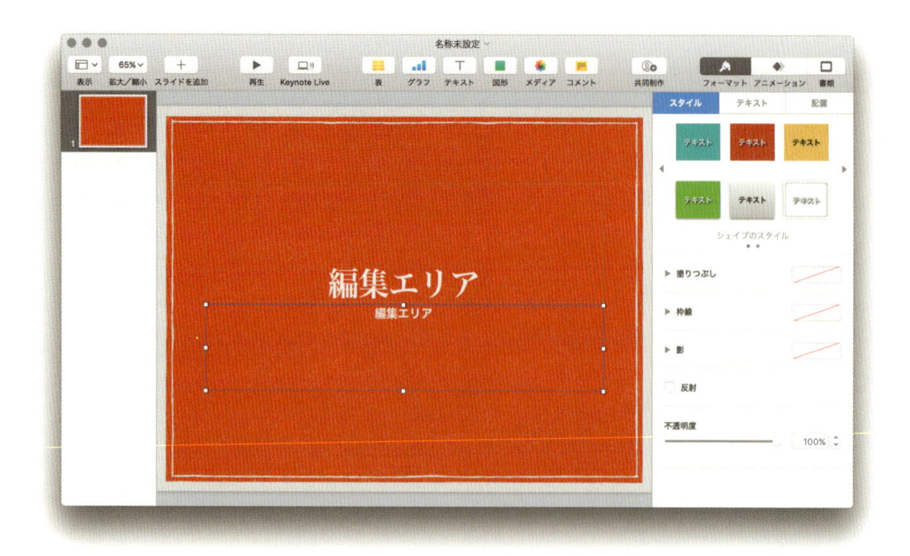

画面は以下の構成になります。

- ウィンドウの中央　→　編集エリア
- ウィンドウの左側　→　ナビゲータ
- ウィンドウの右側　→　インスペクタ（オブジェクトのフォーマットやアニメーションなどを設定）

いずれも表示されていない場合は、「表示」メニューから表示できます。
「マスタースライド」を編集するには、以下のようにします。

❶「表示」メニューまたはツールバー上の「表示」アイコンから、「マスタースライドを編集」を選択します。

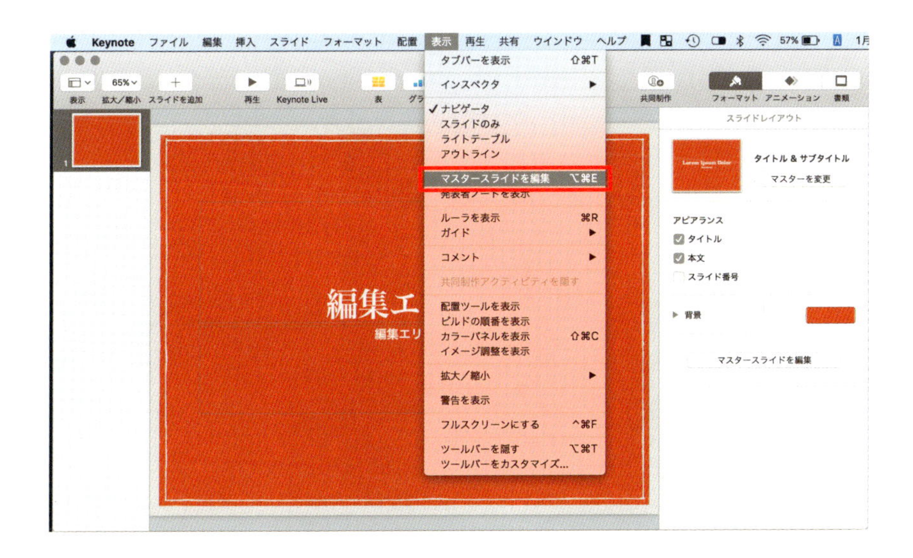

❷ マスタースライドを編集すると、すでに作成済みのスライドにもその変更が影響するため、確認のダイアログボックスが表示されます。問題なければ、「マスタースライドを編集」をクリックします。

❸ マスタースライドの編集画面に切り替わるので、各スライドのデザインを編集して保存します。

編集が終わったら、「表示」メニューから「マスタースライドを終了」を選択すると、通常のスライド編集画面に戻ります。

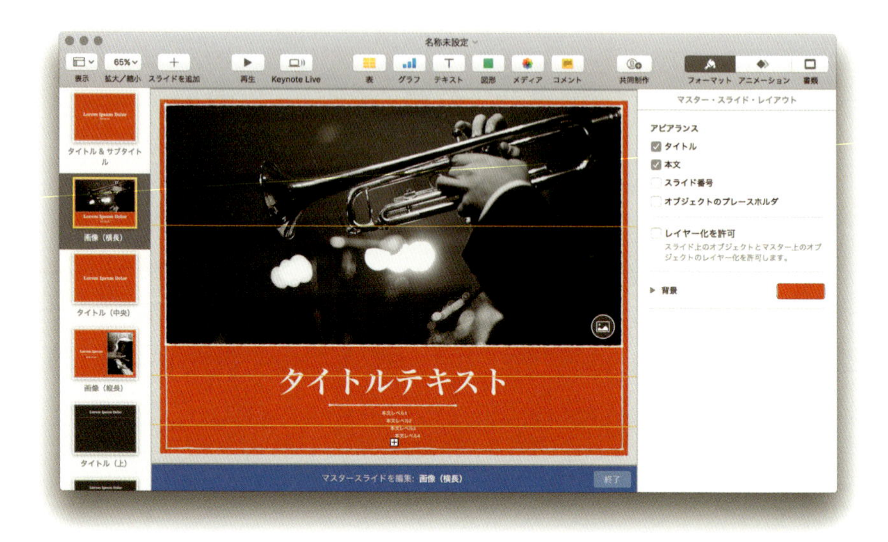

❹ 新たにスライドを追加する場合、ツールバー上の「スライドを追加」ボタンをクリックすると、マスタースライドの一覧から、適切なスライドを選択することができます。

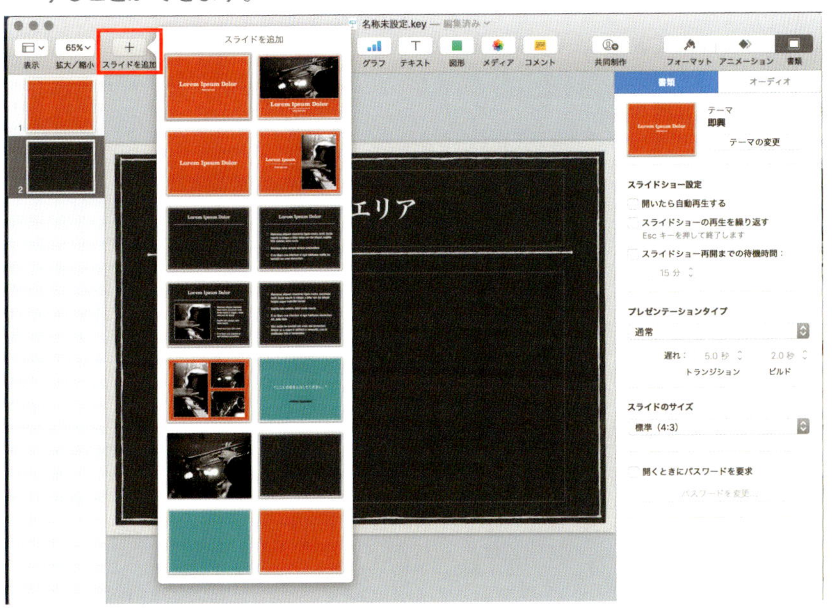

「Microsoft PowerPoint」を利用せざるをえない場合は

「Keynote」がいかに優れたプレゼンテーション用アプリであっても、ビジネスの現場では「Microsoft PowerPoint」を利用せざるをえないこともあるでしょう。「Keynote」は、「PowerPoint」と互換性があるとうたってはいますが、それはファイルを開けるというだけで、たいていの場合レイアウトは崩れます。それは、ビジネスで利用するうえでは致命的なことですから、どうしても「PowerPoint」が必要になることもあります。

幸い、Microsoftからは「Microsoft Office Home & Business 2016 for Mac」という、「Word」「Excel」「PowerPoint」「Outlook」「OneNote」の5種類のOffice製品を詰め込んだパッケージが販売されています（Apple Storeでは、執筆時点で税別34,800円）。Microsoftのオンラインストアでは「PowerPoint」が単体販売されていますが、Apple Storeでは取り扱われていません。

https://www.microsoftstore.com/store/msjp/ja_JP/home

単体でもパッケージでも、個人で購入する場合は高額です。そこで、月額または年額払いの「Office 365」を利用するという方法もあります。たとえば、「Office 365 Business」というプランを選択すると、月額払い制を選択した場合、毎月の使用料は1ユーザーあたり1,090円となります。このプランでは、1ユーザーあたり最大で5台までのパソコンまたはMacで「Word」「Excel」「PowerPoint」「Outlook」「Publisher」「OneNote」の6種類のソフトウェアを利用することができます。

「とりあえず3か月使いたい」
「まずは1年間使ってみる予定だ」

といった場合に、高額なパッケージを買わずに済むうえ、常に最新版のソフトウェアを使用できるというメリットがあります。

雑務はMacにやってもらう～Automater

「仕事しろ」とMacに向かって言っておいたら、いっさいの仕事が魔法のように片づいている――幼児向けのSF漫画みたいな話ですが、もともとコンピュータに期待されていた役割とは、端的にいってしまえばこうしたものではなかったでしょうか。人間は「仕事」、まして「雑務」のような作業に振り回されることなく、コーヒーを片手にクリエイティブな思考だけをするというイメージです。

実際には、コンピュータが登場しても、インターネットが登場しても、スマホが一般化しても、21世紀になっても、人間が雑務に振り回され、「電話」に振り回され、満員電車で足を踏まれながら、憔悴しきって帰路につくわけですが、それでもコンピュータに「自動運転」をさせられれば、未来の一端に触れたような気持ちがするはずです。それも、なるべくなら「実際の役に立つ仕事」を自動運転させられるにこしたことはありません。仕事の全体は無理でも、せめて一端だけでもMacに任せることができれば、Macユーザーとして「未来を先取りできた」という感覚に浸ることができるでしょう。

複数のステップが必要な作業を自動化できる「Automator」

Macでは、「Apple Script」と呼ばれるプログラム言語の一種を使うことができます。Apple Scriptを書くための道具である「スクリプトエディタ」も標準でインストールされています。しかしながら、実際には、なんのプログラミングの知識も持たない人がこれをいきなり使うのは難しいですし、「プログラミング」と聞いただけで躊躇してしまうのも無理はありません。

でも、じつは「プログラミングなんてハードルが高すぎる！」という人でも、ちょっとした操作を自動化できるように、「Automator（オートメーター）」というアプリが用意されています。

「Automator」では、自動化できる操作の「パーツ」があらかじめ用意されており、説明もくわしく表示されるようになっているので、それらをうまく組み合わせるだけで、プログラムなど書けなくても、ちょっとした操作を自動化できるようになります。「プログラムを書く」なんて考えただけでも頭が痛くなってしまう筆者でも使えているので、大丈夫です。

たとえば、メールにファイルを添付して送ろうとするときのことを考えてみてください。

「まず、メールアプリを起動して、新規メール作成画面を開き、宛先、件名、本文などを入力して、添付ファイルを選択する……」

これだけで、いくつの操作が必要になっているでしょうか。同じ相手に、同じ文面で送る場合、毎回これをやっていたら、合計で何回同じ操作をすることになるでしょう。

これが、ファイルを右クリックすると表示されるメニューをたった1回選択するだけで、メールが添付された新規メール作成画面が開き、宛先も件名も本文も入力済みになるとしたら？

「どれほど楽なことか！」と思いませんか？

「ファイルをメールに添付する」サービスを作るには

これを実現するには、「Automator」で、「サービス」として自動処理の手順を作成します。「サービス」は、どこでも右クリックすると表示されるメニューの中にあるので、どこからでも使うことができます。普段、何度もおこなう操作をこの「サービス」に入れておくと、Macのメニューにはじめから組み込まれている操作であるかのように、自動処理をおこなえるので、本当に便利です。

ここでは、「Finder」で、ファイルを右クリックすると表示される「サービス」メニューに、「メールに添付する」という自動処理メニューを追加する手順を説明します。

❶ Automatorを起動し、「ファイル」メニューから「新規」を選択すると、新規書類作成画面が表示されます。
❷ 「サービス」を選択し、「選択」をクリックします。

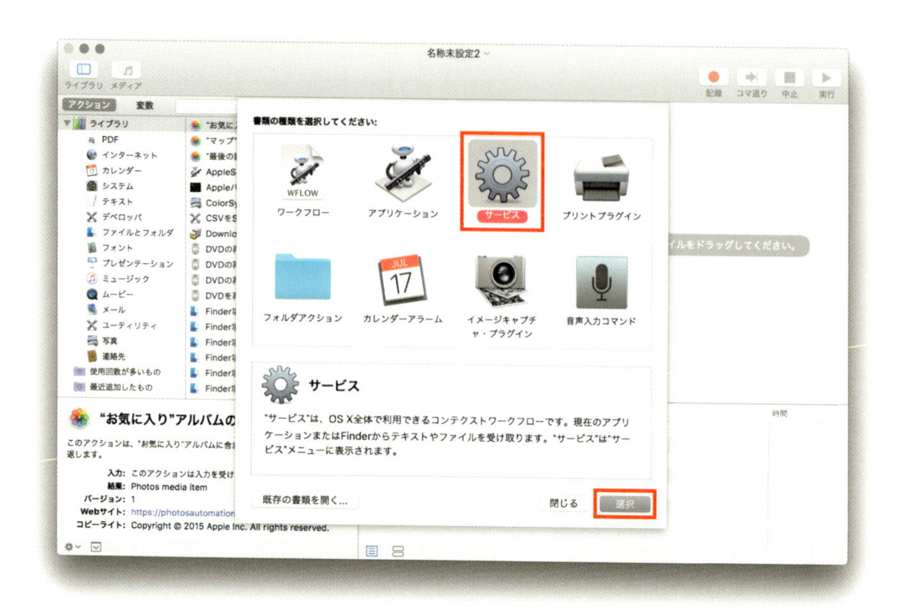

これで、「サービス」を作成する準備はOKです。

ウィンドウは、縦に3分割されています。左端に「ライブラリ」の一覧があり、その右側には、選択したライブラリで実行可能な「アクション」が一覧表示されています。

ウィンドウの右端は空欄になっており、ここに「アクション」をドラッグ&ドロップして、操作を組み立てていきます。組み立てていくとはいっても、ここでは最もシンプルに、1つのアクションのみでできる自動処理を作成するので、難しいことはまったくありません。

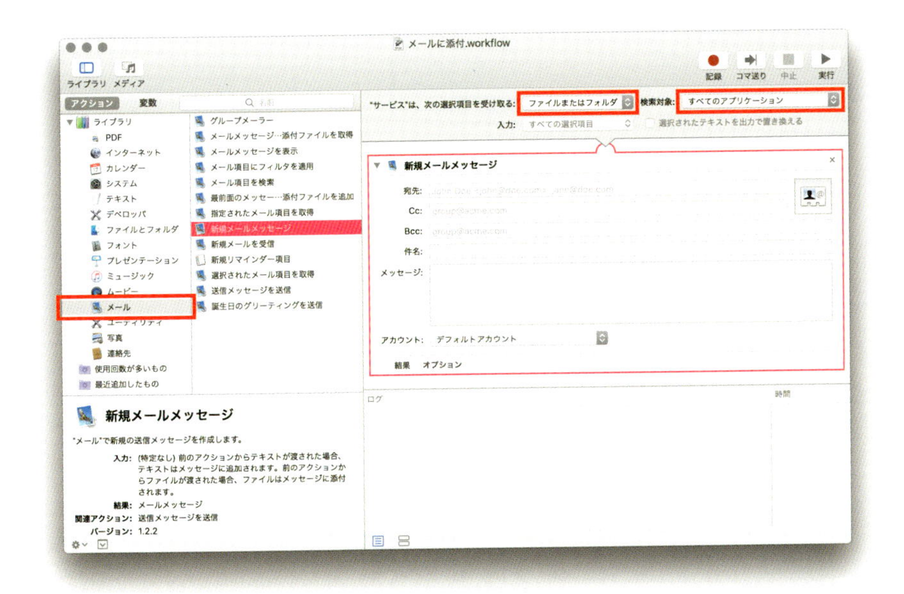

❸ 右側の枠の上部に「“サービス”は、次の選択項目を受け取る」とあるので、ドロップダウンメニューから「ファイルまたはフォルダ」を選択します。

❹「検索対象」を「すべてのアプリケーション」にしておきます。（特定のアプリを選ぶこともできますが、説明をシンプルにするためにこうしています）

❺「ライブラリ」から「メール」を選択し、表示されるアクションから、「新規メールメッセージ」を右側の空欄にドラッグ&ドロップします。

❻「ファイル」メニューから「保存」を選択して、書類を保存します。

ファイル名は、そのままメニュー名になるので、「メールに添付」などのわかりやすい名前にしておきましょう。

これで、「Finder」でファイルを右クリックし、「サービス」メニューから、「メールに添付」を選択すると、新規メール作成画面が自動的に表示され、ファイルも添付されています。
いつも決まった宛先、件名、本文にしたい場合は、「Automator」上でアクション内の各項目に必要事項を入力してから保存しておけば、いつも同じ文面が入ることになります。

1つのアクションから始めよう

たった1つ、「Automator」に用意されているアクションを選択するだけで、複数の操作が必要な作業が、自動化できることがおわかりいただけたでしょうか。これでも、文章だと複雑に見えてしまうかもしれませんが、スクリーンショットがたったの2枚で済むほど、かんたんなことです。
アクションを選択すると、ウィンドウの左下に、何ができるアクションなのか、説明がきちんと表示されるので、1つ1つ選択して見てみてください。そうすれば、たった1つのアクションでできることが、ほかにもあることがわかるでしょう。そして、自分のやりたいことに近いことが見つかれば、まずは1つのアクションでできるところまでを自動化してみてください。

「もう少し自動化できないかな？」

そう思えたら、2個以上のアクションを組み合わせたり、徐々にできることを増やしていくと楽しくなっていくと思います。
「Automator」は、これだけで1冊の本が書けてしまうくらい奥が深いものです。まずは「1つのアクションから試す」ことから慣れていってください。

第4章

押し寄せる
仕事を
効率的に捌く

iPhoneの電話をMacで受ける

意外に不便な「Mac利用中に電話がかかってきたとき」の対処

「iPhoneにかかってきた電話をMacで受けることができる！」

そんなニュースに最初に接したとき、筆者はこう思ってしまいました。

「そういわれても、べつに電話はiPhoneで出ればいいし……」

「便利」というだけであれば、いまの時代、ほんの少し昔に比べても信じられないほど便利になってしまったので、「かゆいところにムリヤリ手を届かせる」ような便利グッズのどこが便利なのか、次第にわかりにくくなってきています。

しかし一方、体感してみたらたしかに驚くほど便利だったということがあって、そういう時には「今までこんな不便を我慢してきたのか！」とびっくりするから不思議なものです。

iPhoneの電話をMacで受けられるというのも、そういう驚かされる便利なものの1つかもしれません。

たとえば、携帯に電話がかかってきた時に、Macで集中して作業している最中であったりすると、「画面から目を離し、キーボードから手を離して、携帯電話を手に取り、電話に出る」という一連の行為が、とても煩わしく感じる場合があります。携帯電話がすぐに手に取れる場所にあればいいのですが、鞄の中だったり、あるいは隣の部屋だったりしたら、「立ち上がって取りに行く」という動作までが加わって、面倒な気持ちが倍増してしまいます。

そんな風に思っていた人が多かったのか、OS X Yosemiteからは、iPhoneを手に取らずとも、iPhoneにかかってきた電話をMacでも受け取れるようになっています。ここで言っているのは、ビデオ通話ができる「FaceTime」同士を使った無料通話ではなく、「iPhoneセルラー通話」と呼ばれている、通話料金の発生する通話のことです。MacとiPhoneを組み合わせて使っている場合に限るのですが、これはかなり便利で楽なことです。

MacとiPhoneを連携させるための条件

「iPhoneにかかってきた電話に、Macで出る」という機能は、Mac、iPhone、iPadなどのApple製デバイス同士の「連携機能」の1つです。iPhoneにかかってきた電話にMacで出るためには、次のような条件があります。

- iPhoneにiOS 8.1以降がインストールされており、通話可能なプランの契約があること
- MacにOS X Yosemite以降がインストールされていること
- MacとiPhoneが、同じWi-Fiネットワーク上にあること
- MacとiPhoneが、同じApple IDで、iCloudおよびFaceTimeにサインインしていること

これらの条件に加えて、MacとiPhoneの双方でおこなっておく設定があります。

Macでは、「FaceTime」で「iPhoneセルラー通話」をオンにしておく必要があります。

❶「アプリケーション」から「FaceTime」のアイコンをダブルクリックするか、「Dock」で「FaceTime」のアイコンをクリックします。

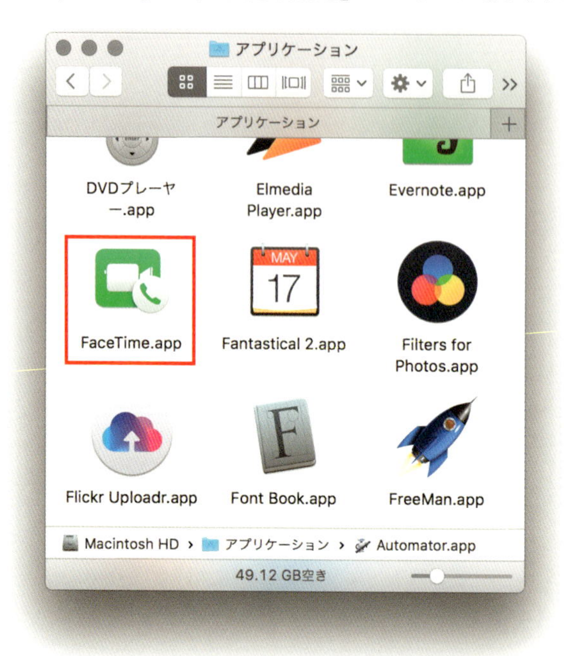

❷「FaceTime」メニューから「環境設定」を選択します。

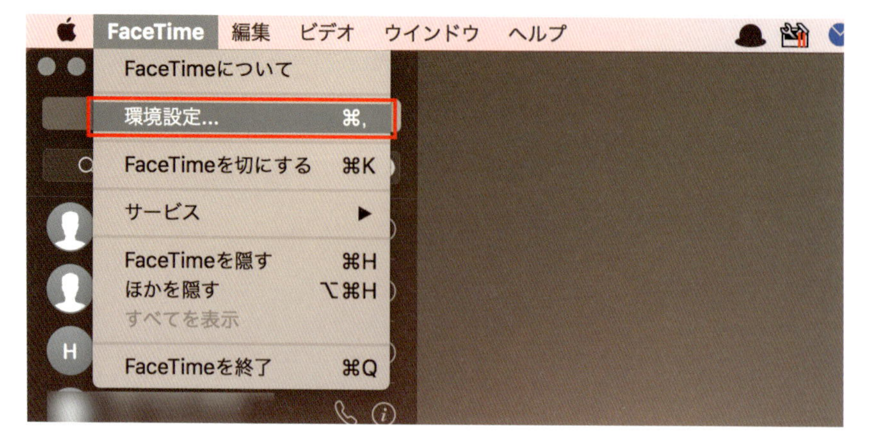

❸「環境設定」ウィンドウで、「iPhoneから通話」をオンにします。

一方、iPhoneでは、ほかのデバイスからの通話を許可しておく必要があります。

❶「設定」アプリから「電話」→「ほかのデバイスでの通話」をタップし、「ほかのデバイスでの通話を許可」をオンにします。

❷ オンになったら、「通話を許可」欄にあるデバイス名から、通話を許可するデバイスをオンにします。

MacでiPhoneの電話を受けたりかけたりするには

設定が少々ややこしく感じたり、条件をすべて満たすことが大変に思えるかもしれませんが、いったん設定が完了してしまえば、あとは便利に使うだけです。

まずは、電話がかかってきたとき。音が鳴ると同時に、Macの画面右上にポップアップが表示されます。

すぐに出られるときは「応答」をクリックすればいいのですが、すぐに出られない場合は、「拒否」の右にある三角形のアイコンをクリックすれば、リマインダーを作成できます。

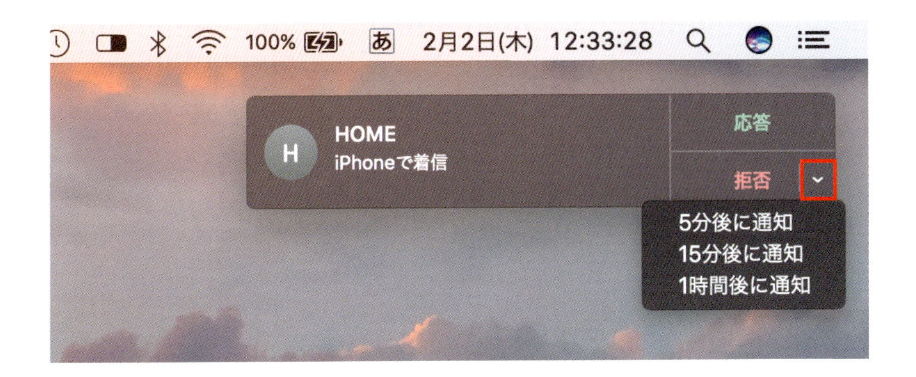

「応答」をクリックした場合は、すぐに、通話が始まります。

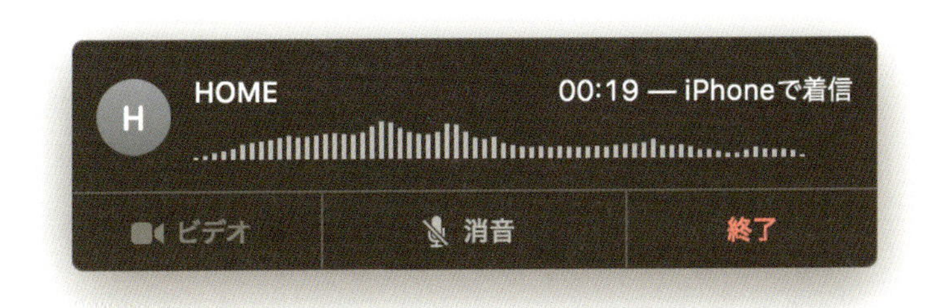

通話中に「消音」をクリックすると、一時的にこちら側の声が相手に聞こえなくなります。相手の声はそのまま聞こえます。

通話が終わったら、「終了」をクリックすれば、電話が切れます。

もちろん、電話をかけることもかんたんです。

❶「FaceTime」を起動します。

❷ ウィンドウの左上に、電話番号を入力します。「連絡先」に登録済みであれば、該当する連絡先が表示されます。
❸ 電話番号あるいは連絡先名の右端に表示される受話器のアイコンをクリックして、電話をかけます。

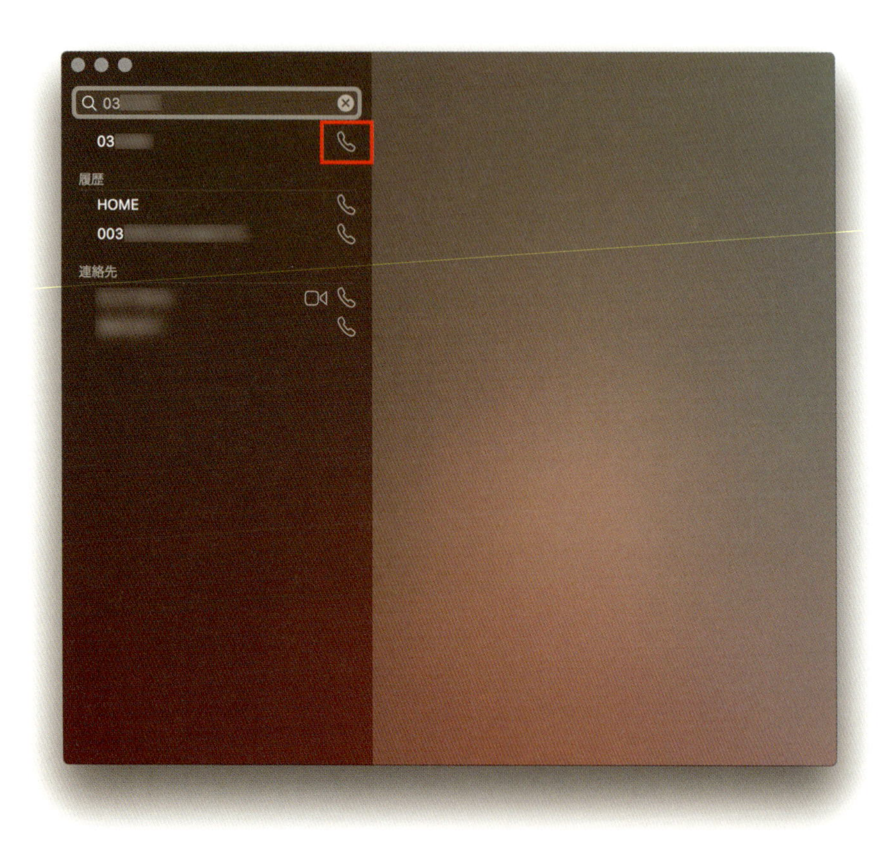

通話中は、ポップアップウィンドウに「iPhoneで発信」と表示されます。

お互いにMacやiOSデバイスを使っているなら、「FaceTime」を使って無料通話やビデオ通話もできます。状況によって、常にそうできるとは限りませんが、この方法を知っておくと、FaceTimeを使っているようなかんたんさでMacからも通話ができますし、Macで作業している時に「iPhoneがどこにあるのか」を気にする必要がまったくなくなります。MacとiPhoneの両方を使っている方は、設定しておくことをおすすめします。

メールのインボックスゼロを実現する

あなたのメールの受信トレイ（インボックス）は今、どうなっていますか？

「メールの受信トレイは空っぽになっている」
「返信が必要なメールだけがスターなどで区別されている」
「その他必要なメールは隠れているが、探せばすぐに見つけ出せるようになっている」

というのが理想ですが、「メールの整理などしていられない」という人が普通だろうと思います。とはいえ、

「すべてのメールはとにかく受信トレイに入りっぱなしになっている」
「上の十数件だけは何とか整理できているが、下のほうがどうなっているかは神のみぞ知る状態」
「もしかしたら、底のほうに大事な仕事のメールが潜んでいるかもしれない」

などというのは、スタイリッシュではないどころか、精神衛生的によくないでしょう。

Macは、標準のメール管理アプリであっても、こういう状態を一掃できるくらいの高機能を備えています。活用しない手はありません。

ここではさらに、有料のアプリも合わせて紹介し、瞬く間に受信トレイを空にして、それを維持できるような方法もお伝えします。

「メール」にアカウントを登録する

Macでメールを読むためには、「メール」アプリにメールアカウントを登

録する必要があります。通常、最も多く使われているであろうPOPメールのアカウントはもちろんのこと、iCloudやGmailなど、複数のアカウントの登録もかんたんです。「メール」には、複数のアカウントのメールをまとめてチェックできる統合的な「受信トレイ」があり、それぞれのアカウントを行ったり来たりしなくても済むようになっています。

「メール」にアカウントを登録するには、以下のようにします。

❶「アプリケーション」または「Dock」から、「メール」アプリを起動します。

❷「メール」メニューから「アカウントを追加」を選択します。

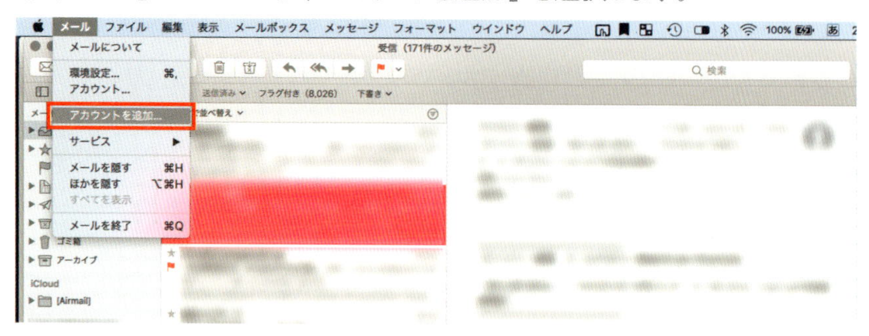

❸プロバイダの選択画面が表示されるので、目的のプロバイダを選択し、画面の指示に従って、メールアドレスやパスワードなどの必要な情報を登録します。

登録したメールアカウントは、「メール」メニューから「環境設定」を選

択すると表示されるウィンドウの「アカウント」タブで確認できます。

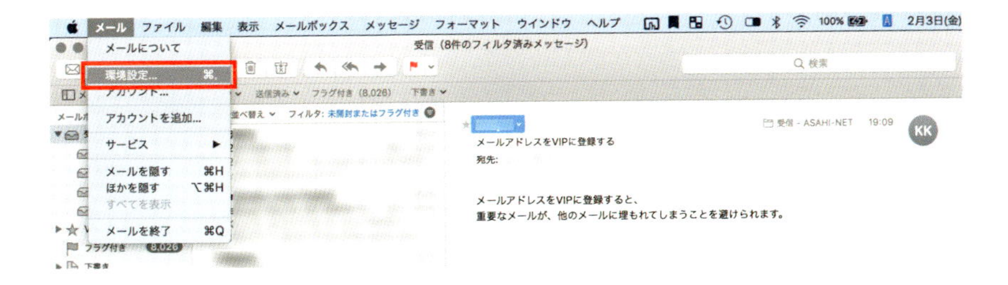

アカウントの「説明」は、デフォルトではメールアドレスになっていますが、どのアカウントのメールボックスなのかがひと目でわかるような文言に変えておくと、受信トレイで見やすくなります。

フィルタを使ってメールを埋もれさせない

アカウントの設定が終わると、「受信」トレイにメールが一気に入ってくるかもしれません。そこで、メールをフィルタリングすると、大切なメールを探しやすくなります。「フィルタ」機能では、未読（未開封）メールや、宛先が自分（CCではなく）になっているメールのみを、瞬時にメールボックスに残すことができます。

メールをフィルタリングするには、以下のようにします。

❶「メール」ウィンドウ内で、メールタイトル一覧の最上部（グレーの部分）にある、丸の中に三本線があるアイコンをクリックします。

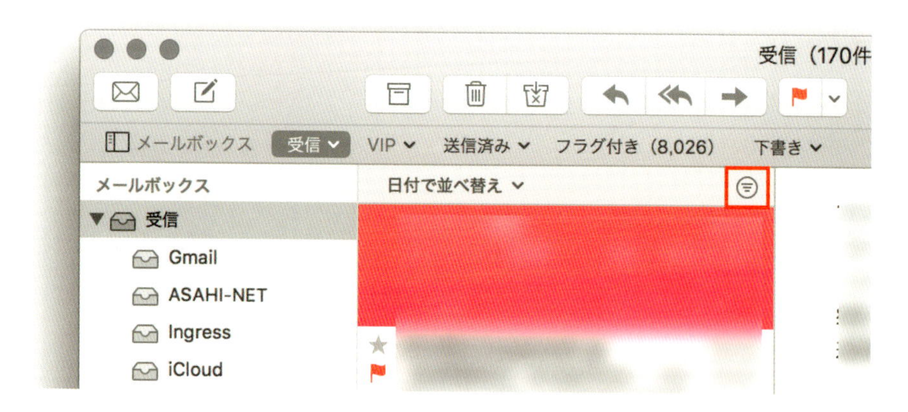

デフォルトでは、未開封メールのみが表示されるようになっています。

❷「フィルタ：未開封」と表示されている「未開封」というテキストをクリックすると、フィルタ条件の選択肢がポップアップで表示されます。

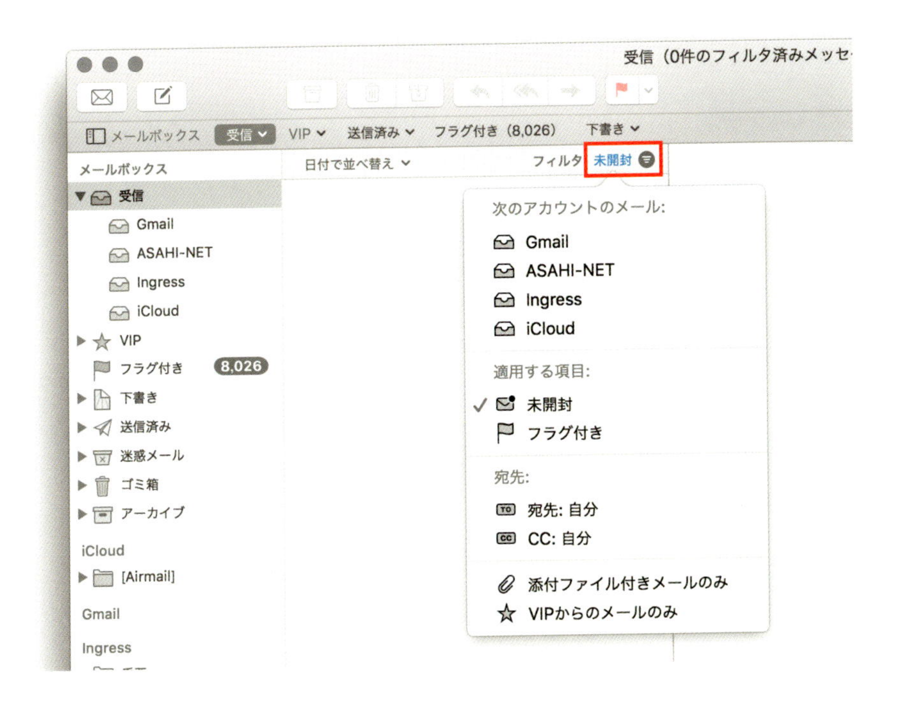

大切な人を「VIP」に登録して見逃さない

フィルタ条件を追加したり、変更したりするだけでも「受信」トレイがだいぶ見やすくなりますが、それでもまだメールが多すぎて、大切な人からのメールを見つけにくい場合は、その大切な人のメールアドレスを「VIP」に登録しておきましょう。

メールアドレスを「VIP」に登録するには、以下のようにします。

❶ 登録したい人からのメールを選択して表示します。
❷ メールアドレス（差出人名）にマウスを重ねると表示される下向きの矢印をクリックします。

❸「VIPに追加」を選択します。

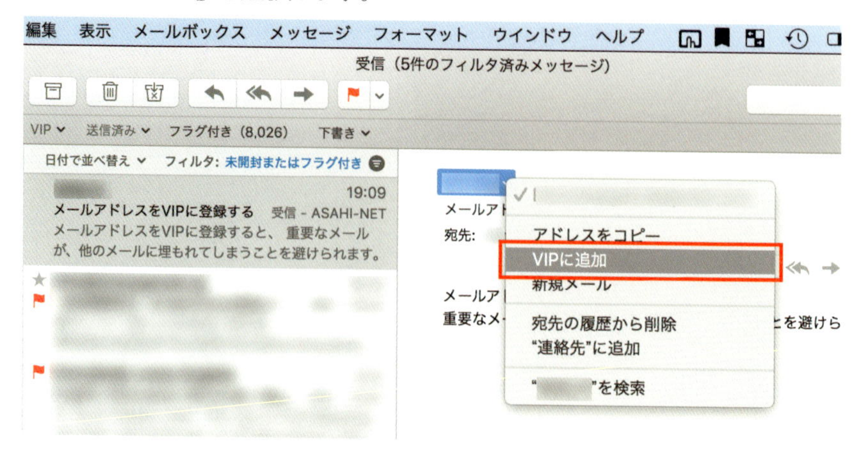

メールアドレスを「VIP」に登録すると、フィルタ条件にある「VIPからのメールのみ」を選択することで、「VIP」に登録済みの大切な人たちのメールだけを素早くチェックできるようになり、「メールを見逃していて、対応が遅れた！」という状況を回避できます。

さらに、メールの「通知」設定も変更しておくといいでしょう。通常は、「受信」トレイに入ってきたらどのようなメールが来ようとも通知されますが、たいして重要でもないメールでも通知されるのは、かなりストレスになるものです。これを、「VIP」に登録済みの人からのメールのみが通知されるように変更するのです。

通知するメールの種類を変更するには、以下のようにします。

❶「メール」メニューから「環境設定」を選択します。

❷「一般」で「新着メッセージの通知」を「VIP」にします。

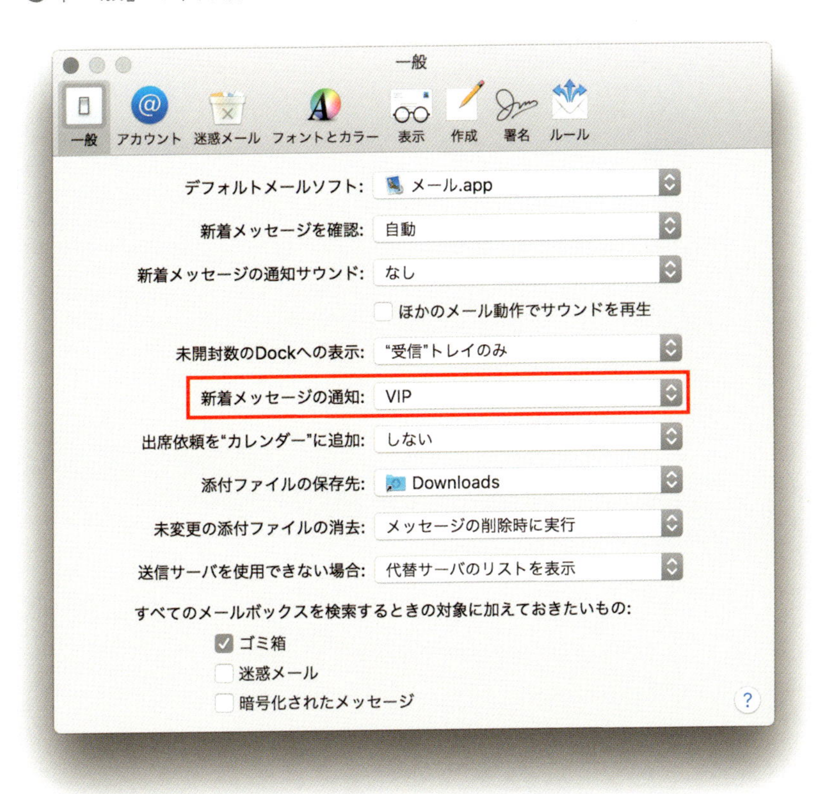

これだけで、重要なメールを見逃しにくくなるうえに、関係のない通知から解放され、メールチェックがかなり快適にはかどるようになります。

「スマートメールボックス」で自動的にメールを振り分ける

メールの「フィルタ」機能は、あらかじめ用意されている条件でメールの表示／非表示を切り替えるものですが、「メール」アプリでは、自分で条件を指定してメールを振り分けることもできます。これは、「スマートメールボックス」という機能なのですが、たとえば

「差出人がVIPであり、かつ、件名に『要確認』と入っているメールのみを、フォルダにまとめる」

といった条件のスマートメールボックスを作成しておくと、条件に当てはまるメールを自動的にフォルダに振り分けてくれます。「受信」トレイ内のフィルタよりもきめ細かい条件で絞りこまれたメールのみが、独立したフォルダにまとめられるので、条件に合致するメールを見逃すことが絶対になくなります。

「スマートメールボックス」を作成するには、以下のようにします。

❶「メールボックス」メニューから「新規スマートメールボックス」を選択します。

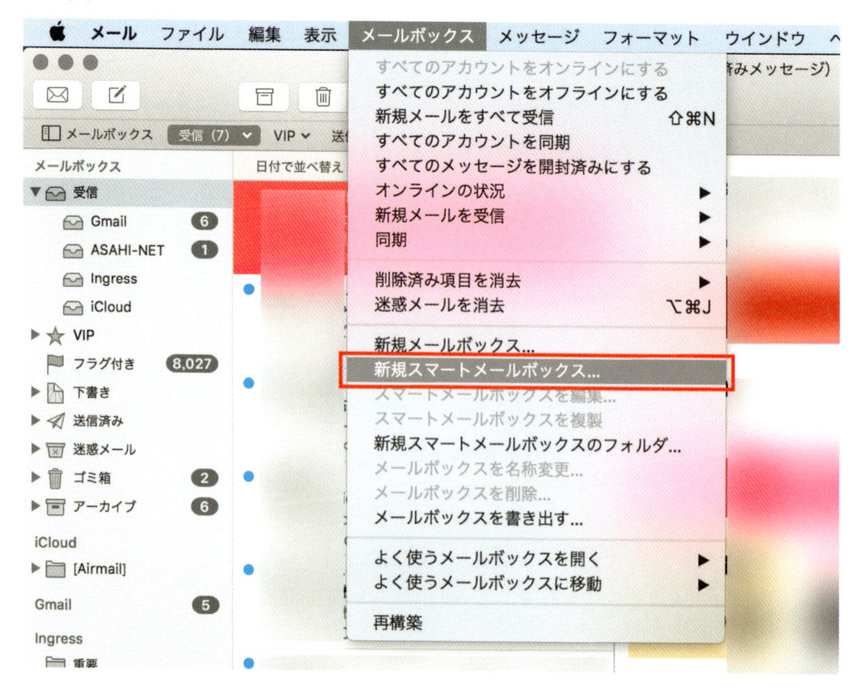

❷「スマートメールボックス」の条件を指定するためのウィンドウが表示されます。

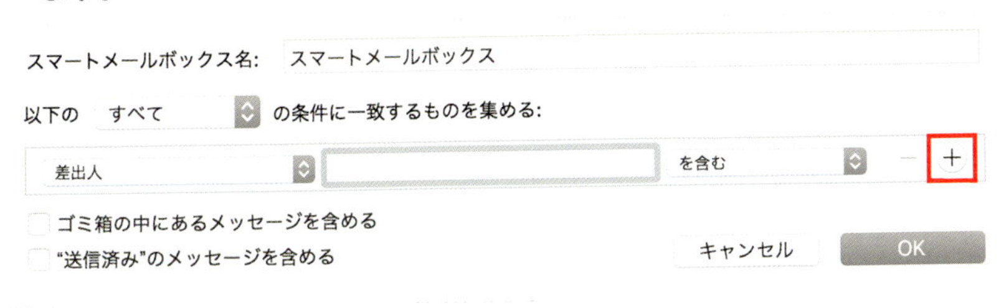

「スマートメールボックス名」は、条件がわかりやすい名前を入力しておくといいでしょう。

「+」をクリックすることで、複数の条件を設定することができます。また、条件の「すべて」に当てはまる場合か、条件の「いずれか」に当てはまる場合かを選択できます。

「差出人」をクリックすると、条件の選択肢の一覧が表示されます。これらの条件を組み合わせることで、何通りもの「スマートメールボックス」が作れることがわかります。

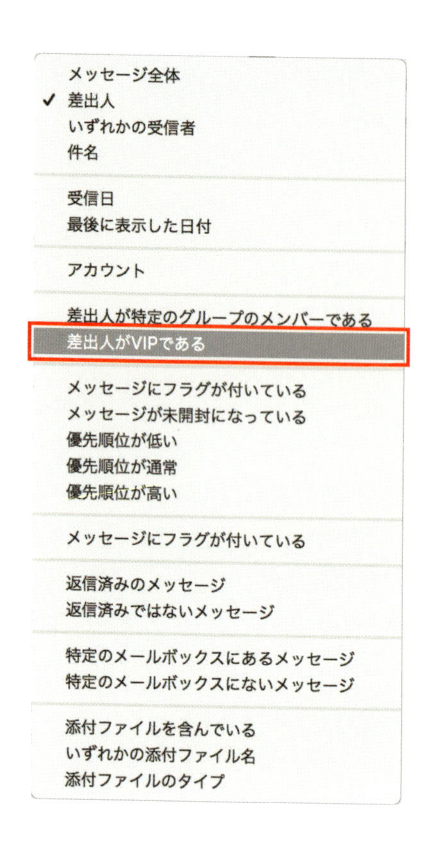

先に例を出しましたが、「差出人がVIPであり、かつ、件名に『要確認』が含まれる」場合の「スマートメールボックス」の設定は、次のようになります。

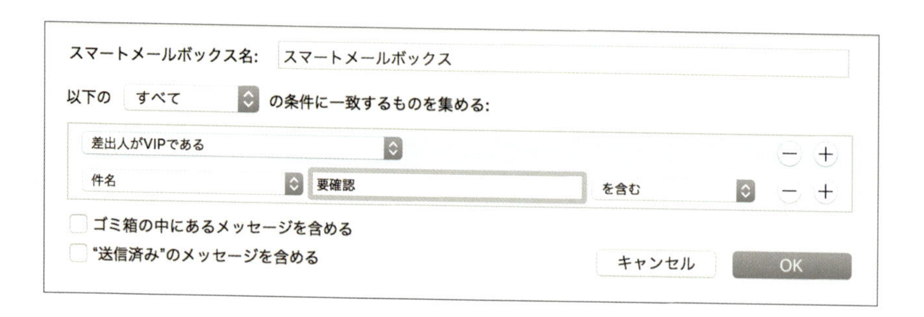

あまりに条件が厳しすぎても、当てはまるメールがまったくなくなってしまいます。そうすると、せっかくの振り分け機能も効果的とはいえなくなってしまいますので、自分の受信するメールに合わせて、ちょこちょこと条件を変更していくことをおすすめします。

筆者の場合は、「差出人がVIPであり、件名に『確認』が含まれる」スマートメールボックスをよく利用しています。「要確認」と入っているメールの見逃し防止ですが、「確認してください」という場合もあるので、「確認」のみをキーワードに指定しています。

メールをスヌーズできる「Airmail 3」

「メール」アプリでも、工夫次第でメールの受信トレイ内のメールを整理せずに済ませることは難しくないのですが、まだ物足りない点があります。それは、受信トレイからメールをいったんなくしても、必要な日時には再び受信トレイに戻ってくるようにする「スヌーズ」機能がないことです。

「スヌーズ」機能があれば、開封済みのメールを、必要になる日時までずっと受信トレイに置いたままにしておくことなく、快適に過ごせます。普段は空っぽの受信トレイでも、そのメールが必要な時には、スッとメールが受信トレイに戻っている――こんなにインボックスゼロに貢献する機能はないと思うのです。

この「スヌーズ」ができるのが、「Airmail 3」というサードパーティ製アプリです。

- **Airmail 3**
  https://itunes.apple.com/jp/app/airmail-3/id918858036?mt=12

「Airmail 3」は有料（1,200円）ですが、スヌーズ機能が搭載されているほか、メールをToDoに変える機能や、メモに変える機能など、たくさんの機能が備わっています。また、iPhoneに慣れている人にはうれしい、スワイプでメールを削除したりアーカイブしたりできる機能もあり、もう一歩進んだメール管理をおこないたい人におすすめです。

メールをスヌーズするには、以下のようにします。

❶ メール本文の上部にある「･･･」アイコンをクリックすると表示されるメニューから、「スヌーズ」を選択します。

❷ いつまでスヌーズするかを選択するウィンドウが表示されるので、既存の設定から選択するか、特定の日時を指定します。

これで、指定した日時まで、このメールを受信トレイ内で見ることはありません。とはいえ、必要になった時には受信トレイに再度現れてくれるので、たとえばミーティングの当日にメール本文に書かれた住所を参考にできたり、チケットの予約開始日を忘れずに済んだりと、大助かりです。まるで、秘書がその日の予定を告げてくれるかのようです。

愛用の手帳から
すべてを知るMacへ

能率が上がる手帳。
シンプルな手帳。
見やすい手帳。
自分用にカスタマイズできる手帳。

年末になると、美しくて高価な手帳を物色するビジネスパーソンや学生さんたちが、大挙して文具コーナーに群がります。予定の管理は当然として、ライフログを記録したり、お気に入りのレストランガイド代わりに使ったりする「愛用の手帳」を見つけ出して、新しい1年を過ごしたいという気持ちからなのでしょう。また、機能が上だとはいえ、どことなく無機質で「手描き」を受け付けてくれないデジタル手帳ではなく、直接手で触れられる紙の手帳をいつまでも愛用していたいと思うのは、人情として当然かもしれません。

ですが、もし紙の手帳のように洒落たデザイン感覚のままに扱うことができ、しかもアナログにつきものの欠点を全部払拭してくれるような「デジタルカレンダー」があったとしたら、どうでしょう。クオバディスやMOLESKINEのような使い心地を損なうことなく、カレンダーに書き込んだ予定を、デイリービュー（日時）やウィークリービュー（週次）でも当然のように閲覧・編集できるデジタルカレンダーを利用できるなら、そうしたいという人も少なくないと思います。

「検索ができる」とか「追加の紙が必要ない」とか「スマホでもMacでも好きなところで編集できる」などといったことは、デジタルならできてあたりまえです。そのうえで、いまはおしゃれで使いやすいカレンダーであることが求められると思いますが、Macなら標準のカレンダーでそうしたわがままを満たすことができるのです。

クリーンなデザインの「カレンダー」アプリ

macOSに標準でインストールされている「カレンダー」アプリは、デザインを変更することはできませんが、ホワイトを基調としたクリーンなデザインになっており、色分けした予定が見やすくなっています。

iCloudに保存されるカレンダーを新たに作ることができるほか、GoogleやFacebookのアカウントを登録すれば、Googleカレンダーの予定と同期したり、Facebookのイベントカレンダーを見たりすることもできるようになります。もちろん、1つのMac内で完結するカレンダーを作ることもできます。つまり、複数のサービスを利用していても、「カレンダー」アプリで予定を一元管理できるというわけです。

「日」「週」「月」「年」と表示方法を素早く切り替えることができるので、先々の予定を確認するのも、1日の予定を確認するのもかんたんです。これらの表示には、それぞれ次のようにショートカットキーが割り当てられているので、覚えておくと、ビューを切り替えるためにいちいちメニューやボタンをクリックする必要がなくなり、かなり便利です。

- 日 → Command + 1
- 週 → Command + 2
- 月 → Command + 3
- 年 → Command + 4

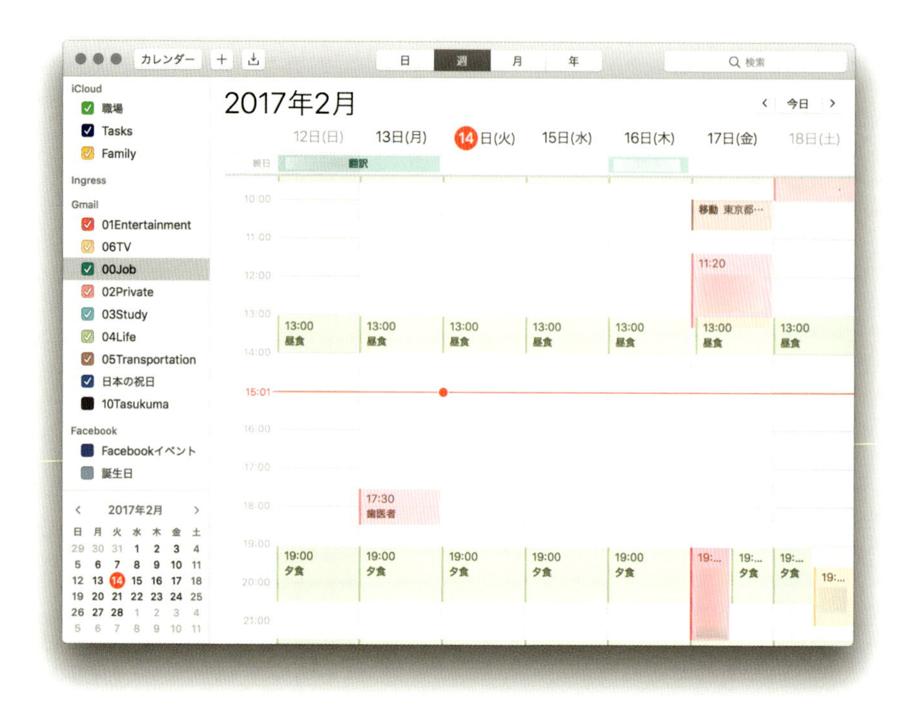

人によって感覚の違う「週の始まり」の曜日は、以下のようにすれば変更できます。

❶「カレンダー」メニューから「環境設定」を選択します。
❷ 表示されるダイアログボックスで、「一般」→「週の開始曜日」で変更します。

どの曜日でも選択できるので、シフト制で働いている人など、自分自身が週の始まりだと感じる曜日に設定しておくと使いやすくなります。

「週」ビューで表示する日数も、「5日」または「7日」のいずれかを選択できます。たとえば、週に5日間働くとして、仕事をしている曜日だけを「週」ビューでサッと確認したい場合は「5日」にしておくほうが使い勝手がいいです。一方、筆者のようにフリーランスの場合は、勤務日が決まっているわけではないので、「7日」を選んで、いつでも週全体が見渡せるようにしておくほうが安心です。

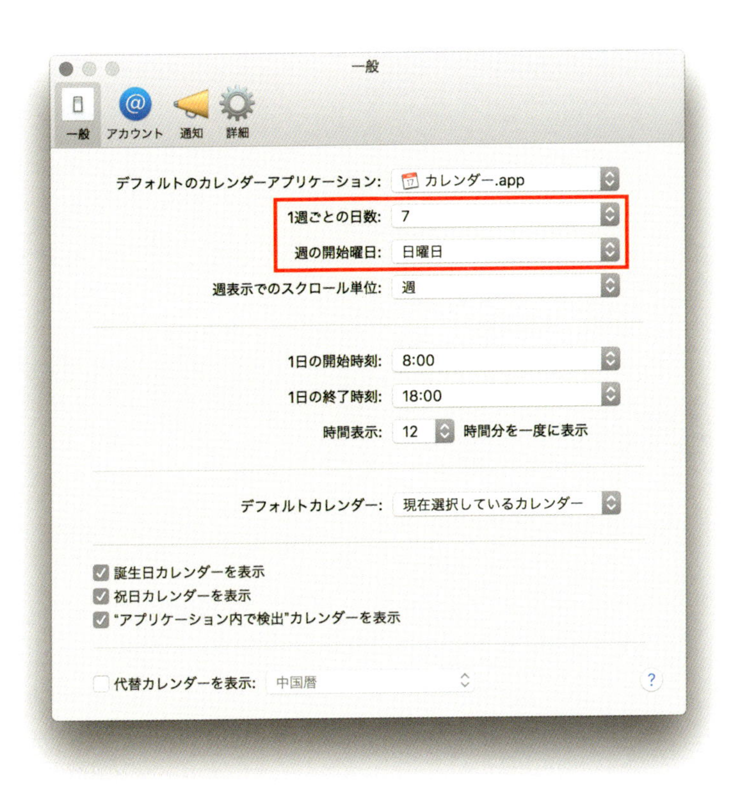

「年」ビューは、一見すると、ただ年間のカレンダーが一覧できるようになっているだけのように見えます。しかし、日付をクリックすると、その日に登録されている予定が、ポップアップする吹き出しにリスト表示されます。ずっと先の予定を確認するときにちょっと便利な機能です。

「年」ビューで予定の入っている日をわかりやすくしたい場合は、「環境設定」の「詳細」で、「年表示でイベントを表示」をオンにしておくといいでしょう。予定の入っている日付に色が付きます。

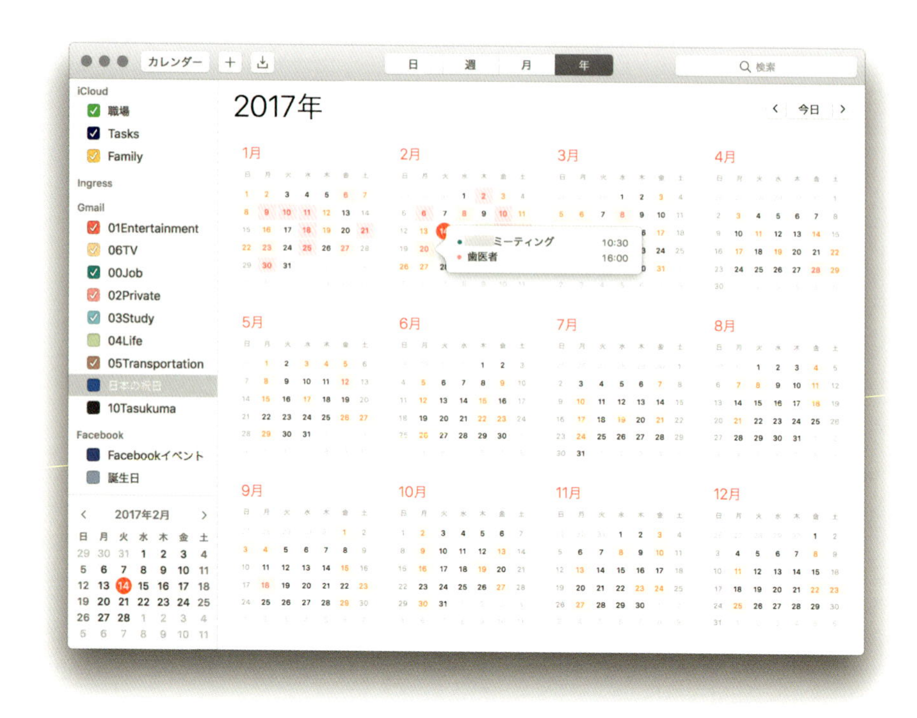

予定の入力は

ミーティング 金曜 15時〜16時

のように1行に入力するだけで、次の金曜日の15時〜16時に「ミーティング」という予定が作成されます。自然な文章に近い形で入力できるので、慣れると楽です。

2週間分の予定を見渡せる「Fantastical」

普通に予定を管理するだけなら、macOS標準の「カレンダー」アプリだけでも十分なのですが、

「2週間を一気に見渡したい」
「複数のカレンダーを使っているが、仕事とプライベートで表示するカレンダーを分けたい」

など、標準の「カレンダー」アプリにはできないことがしたい場合もあるでしょう。そう思ったら、「Fantastical」がおすすめです。App Storeでは、執筆時点で6,000円とかなり高価なので、公式サイト（以下）の「無料ダウンロード」からアプリをダウンロードして、試用期間3週間めいっぱい、使い勝手を検討してみることをおすすめします。

http://flexibits.com/jp/fantastical

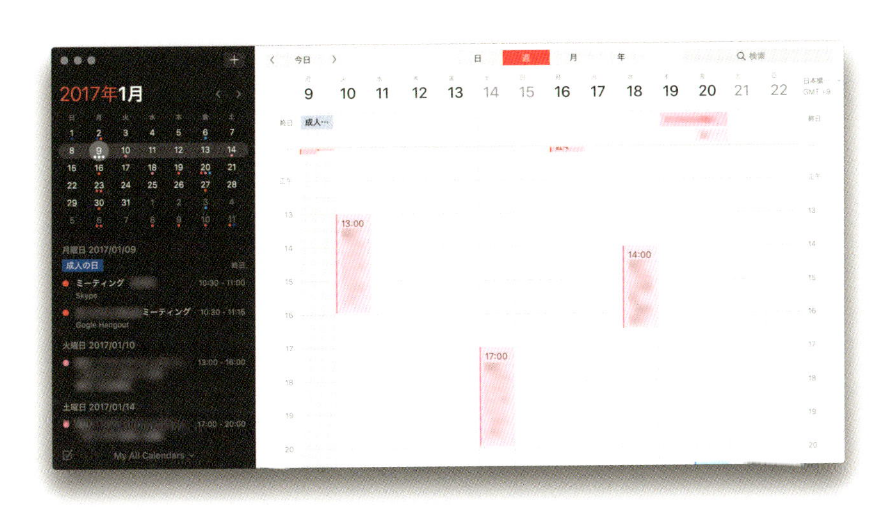

Fantasticalは、メニューバーのアイコンからも予定を確認したり入力したりできるほか、

・**明るいテーマと暗いテーマの2種類からテーマを選べる**

・2週間を見渡せる表示方法を選べる

など、ユーザーのわがままな要望に応えてくれる機能を持っています。

筆者が使っていて特に便利だと思っているのは、複数のカレンダーを組み合わせてグループを作り、表示する予定をかんたんに切り替えられる機能です。仕事の予定のみ、あるいはプライベートの予定のみの表示にサッと切り替えて、今後の計画を立てることができるので、非常に便利で手放せなくなっています。仕事でも、プロジェクトによってカレンダーを使い分ける必要がある場合や、仕事と家族のカレンダーを使い分けたい場合などにおすすめです。

用事の管理をシステム化する

スケジュールをかなりきちんと管理している人であっても、家族からのちょっとした頼まれごとを完全に忘れていたり、インフルエンザの予防接種を受け忘れたりして、トラブルに見舞われることがたびたびあります。用事は、「何月何日何時に新宿へ来て打ち合わせをする」というような、ピンポイントで実行予定を立てられるものではないため、頭で覚えておくのがいっそう難しくなるのです。

くわえて、家族からの用事は、予定ほど重要なものではないため、つい疎かにしがちです。庭木に水をまき忘れても、仕事を失ったり、大事な取引先を怒らせたりする気遣いはありません。せいぜい、家族が大事にしている植物を枯らしてしまうくらいです。

しかし、そういった細々とした些細な用事をことごとくやらずに済ませてしまうと、自分の生活環境そのものが劣悪になってしまいます。家族の信頼も失いますし、日々の生活が不愉快でストレスの元にもなります。少なくとも、“スマートな状況”とはいえないでしょう。

せっかくMacユーザーなのですから、大切なスケジュールほどではない些細な用事でも、もう少しうまく気配りができるようになりたいものです。

そのために有効なのが、やり忘れとなってしまう時間が来る前に、やるべきことを通知してもらう仕組みである「リマインダー」を使うことです。たとえば、昼の1時に幼稚園にお迎えに行かなければいけないのであれば、少なくとも12時頃にはリマインドされるようにできます。「リマインダー」を使って、「頭の中に用事を記憶しておしまい」としないようにしましょう。

「リマインダー」で日時や場所を指定するには

「リマインダー」アプリは、macOSに標準でインストールされているので、いつでも思い立ったら使い始めることができます。ちょっとわかりにくいと思えるのが、「リマインダー」アプリでは、「リスト」と「リマインダー」の両方を作ることができる点です。違いは以下のとおりです。

・リスト　→　その名のとおり、項目名がただ並んでいるもの
・リマインダー →　各項目に特定の日時や場所が指定してあり、指定日時が来たり、指定場所に行ったりしたら通知を出して知らせるもの

現実的に考えて、Macを四六時中持ち運んでいて、「リマインダー」アプリに通知を出してもらうのは難しいと思われますので、必然的にiPhoneとセットで使うことを考えます。iPhoneならば、常に身につけているのがほとんどでしょうし、当然のことながらiCloudを介してMacとiOSデバイス間で同期されるので、特定の日時や場所で発せられる通知に気づくことも難しくありません。

「リマインダー」アプリのユーザーインターフェイスはとてもシンプルなので、すぐに使い方を覚えられるでしょう。画面の左側には、リスト名（プロジェクトなど）の一覧があり、各グループ内にリストやリマインダーを作成できます。

「リマインダー」メニューから、「アカウントを追加」を選択すると表示されるダイアログボックスから、iCloud以外のアカウントも追加できますが、日本でなじみがあるのは「Exchange」ぐらいでしょう。ちなみに、アカウント一覧に表示される「Yahoo!」は、米国Yahoo!のことです。

項目を入力すると項目の右端に表示される「i」をクリックすると、リマインド（通知）する日時や場所を指定できます。

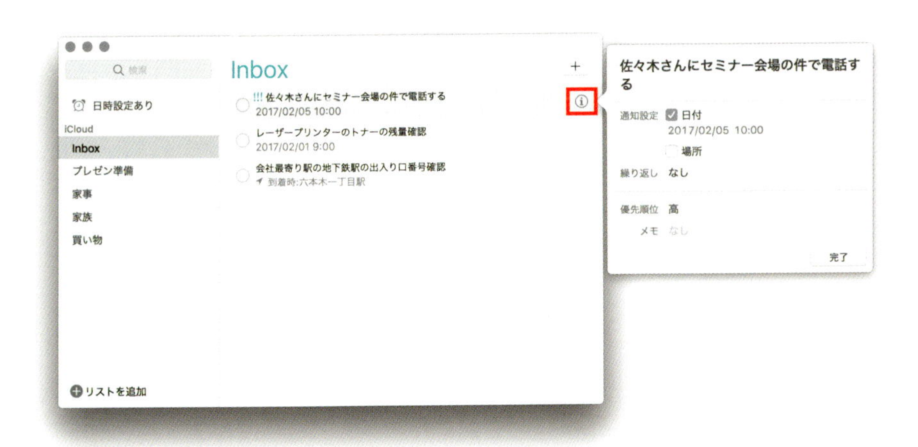

日時を設定すると、「日時設定あり」リストに自動的に分類されるため、通知がいつ来るのかを一覧で確認したい時に便利です。

場所を指定する場合は、指定場所に着いた時（到着時）か、指定場所から離れた時（出発時）なのかを選択できます。

また、その場所を中心として、半径何メートル以上を指定場所と判断するかも、地図内の円をドラッグして変更できます。ただし、あまり範囲が狭すぎると、GPSの精度との兼ね合いで、正確に判断されない場合があるので、少し余裕を見ておくことをおすすめします。

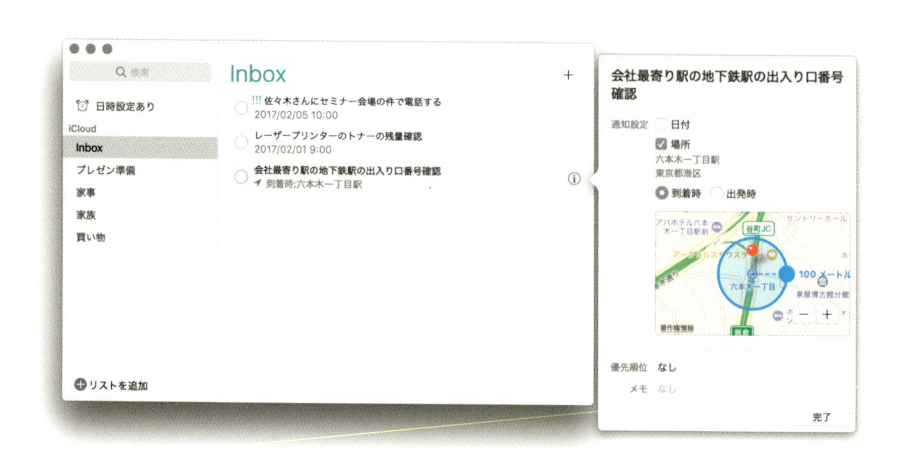

「リマインダー」アプリの利点は、かんたんに使えて、難しいことがないことです。たったこれだけの説明で、すぐにでもリマインダーを使い始めることができるのです。

少し慣れてきたら、「Siri」にリマインダーの作成を頼むのもいいでしょう。iPhoneなら「Hey Siri」と呼びかければいいので、画面をタッチする必要もないのですが、Macの場合はSiriアイコンをクリックするか、ショートカットキーを押すというひと手間はかかります。ですが、

「明日の朝7時にゴミを出す」

とSiriに言うだけでリマインダーをセットしてくれるのは、まるで家族に「明日の朝7時にゴミを出すって、覚えておいて！」と言うのに似ていて、慣れるとかんたんでとてもラクです。

リマインダーからカレンダーへ転記して忘れる確率を減らす

「リマインダー」にあるだけではその用事を忘れてしまいそうだという時には、カレンダーにも転記しておくと、両方で確認できるので、忘れて

しまう確率を格段に減らせます。「同じ項目が、異なるアプリにダブって登録されているのは気持ち悪い」ということでなければ、念には念を入れて、「リマインダー」の内容をカレンダーにも登録しておくのは、悪いことではありません。

「リマインダー」アプリと「カレンダー」アプリは直接は連携していないのですが、項目の転記はとてもかんたんです。「リマインダー」から「カレンダー」へドラッグ&ドロップすればいいだけなのです。

注意すべきは、転記先のカレンダーを先に選択しておくことです。複数のカレンダーがある場合がほとんどでしょうから、どのカレンダーに転記するかを最初に選んでおくのです。そのうえで、「リマインダー」アプリから転記したい項目を、特定の日にドラッグ&ドロップすれば、内容がそのまま転記されます。

その際、リマインダーで指定した日時は無視され、ドロップした先の日時に変更されます。時間まで最初から指定したい場合は、カレンダーを週表示にしておくと、時間帯を選択しやすくなります。月表示の場合は、設定により異なるかもしれませんが「12時～13時」に割り当てられます。

「リマインダー」と「カレンダー」のいずれかを使う場合、両方を使う場合などの使い分けには、自分なりのルールを作っておくといいでしょう。筆者の場合は、以下のようにしています。

- 「可燃ごみ」「不燃ごみ」などの「定期的にリマインドしてもらいたいけれども、カレンダーにその予定がなくても困らない」ようなタスクは「リマインダー」のみに登録する

- 「チケットの予約開始日」などの「絶対外せない、忘れてはならないタスクであるけれども、そのタスクを完了したら『完了』マークを付けて、実行したことを確認したい」ようなタスクの場合は、両方に登録する

- 「ミーティング」など、人と会う必要があるような「予定」については「カレンダー」のみに登録する

本格的な長期計画に取り組む

Macのような「パーソナルコンピュータ」に人が最も期待することは何でしょう。

もちろん、仕事の内容や趣味によってさまざまでしょうが、多くの人が昔から望んでいた重要な要望として「知的計画のサポート」があったのではないかと思います。「知的計画のサポート」というのは、たとえばまさにこの本を書くことなどがそうなのですが、

- 1日で終わらせることが無理な仕事
- さまざまなアイディア、資料、連絡事項、方針などが複雑に絡んでくるため、考えながら計画を立てて、進めていかざるをえない仕事

というものです。直接の仕事ではないにせよ、仕事のための資格試験の勉強や、語学学習なども、まさに「知的計画」といえると思います。

長期にわたる知的計画を進めるために必要なのは、たとえば関連資料であったり、Webからの情報であったりします。また、デッドラインに間に合わせるためにも、作業できる日数や、やるべきことの洗い出しも必要になるでしょう。

それらを頭だけで完結させられるのは、よほど記憶力がいい人だけです。一般の人には無理なので、ノートやカレンダーに情報を集約して、計画を管理することになります。しかし、そういう作業こそMacでやりたいところ。そうすれば、いろいろなノートやカレンダーを使い回したりせずにすみますし、必要な資料だけをコピー&ペーストで一元化したりもできるからです。

日々のタスクから長期にわたるタスクまで管理できる「OmniFocus」

Macを使っていて、タスク管理をしようとすると、一度ならず何度も目にしたり聞いたりするアプリが「OmniFocus」です。「OmniFocus」は、The Omni Groupが開発しているタスク管理アプリで、Mac版とiOS版がリリースされています。Windows版を作る気はまったくない会社なので、OmniFocusを使いたいと思ったら、MacかiPhone／iPadを買うしかありません。

「OmniFocus」は、基本的には、デビッド・アレン氏の『はじめてのGTD ストレスフリーの整理術』(二見書房、原題：Getting Things Done）のやり方に基づいて開発されているため、「OmniFocus」を使おうとする場合、この本か類書を一読しておくとスムーズに使い始められるでしょう。「OmniFocus」は、ユーザーインターフェイスこそ日本語であるものの、「ヘルプ」はすべて英語なので、ある程度英語ができないと、GTDの知識がまったくないまま使うのは難しいように思えるからです。

「OmniFocus」では、基本的に以下の流れでタスクを管理します。

❶「プロジェクト」ごとに、そのプロジェクトで実行するべき「アクション（タスク）」を書き出していきます。
❷ アクションそれぞれに、「開始日時（OmniFocus上では「次まで延期」という項目名）」「期限」「繰り返し頻度」などを指定します。
❸ アクションを実行する日になったら、実行すべきアクションを淡々と実行していきます。
❹ 完了したら、チェックマークを入れていきます。

この一連の流れは、「リマインダー」アプリをはじめとして、どのタスク管理アプリでも大差ありません。

それでも「OmniFocus」を使う理由としては、そのデザインが美しいということと、カスタマイズ機能が充実していることが挙げられます。特に便利なのは、さまざまな条件でタスクを一覧表示でき、多彩な表示方法があること、そしてそれを自分で作れることです。

カレンダーを使ってタスクの実行日を割り当てられる「予測」ビュー

タスクを実行する日を決める際、タスクの一覧だけを眺めていたのでは、

「何月何日（あるいは何曜日）にタスクが集中しているのか」
「いつならそのタスクを実行する時間をとれるのか」

がわかりません。それを解決すべく作られたのが、「予測」ビューです。「予測」ビューには、未完了のタスク一覧と、カレンダーが表示されており、カレンダーの日付部分にタスクをドラッグ&ドロップするだけで、期限を設定することができます。

ツールバーの「表示」をクリックして、「カレンダーイベントを表示」をオンにすれば、「カレンダー」アプリに登録されている予定もタスクの下に表示されます。ただし、予定が多すぎると、かえって見づらくなってしまう場合があります。

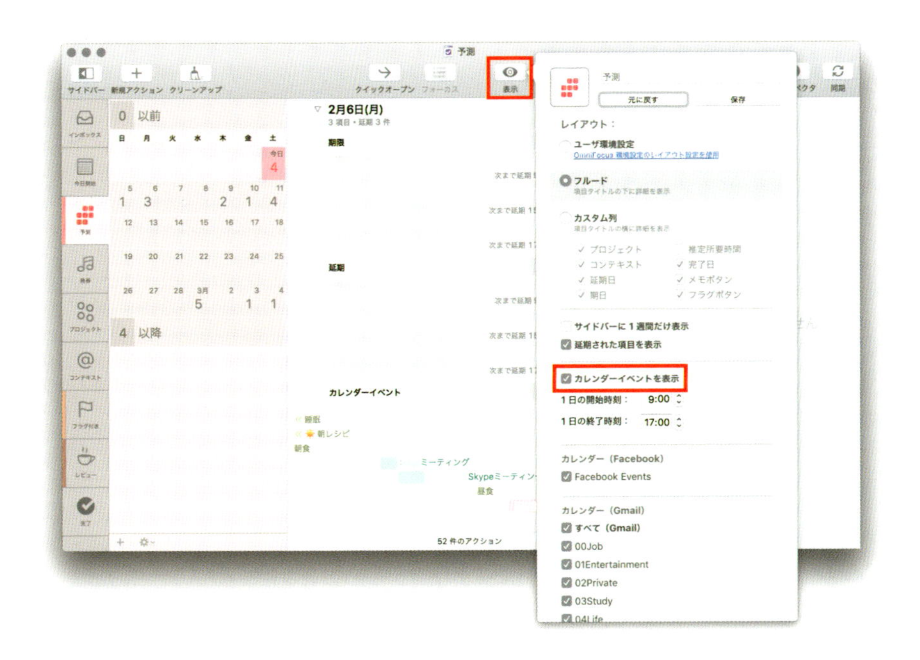

特定の日付を選択したまま、ほかの日付にタスクを割り振りたい場合は、以下のようにするとかんたんです。

❶「ファイル」メニューから「新規ウィンドウ」を選択して、新しくウィンドウを開きます。
❷ ウィンドウを２つ並べた状態で、１つのウィンドウから、もう１つのウィンドウのカレンダーに、タスクをドラッグ&ドロップします。

タスクの処理に「どのツールを使うのか」まで入れておくとスムーズに

「OmniFocus」で作成するタスクには、GTDの理念に基づいて、「コンテキスト」と呼ばれる項目を付加することができます。「コンテキスト」とは、GTDでは人や場所などのことを指しているのですが、あまりこのことに捕らわれなくても大丈夫です。

筆者の場合は、おもに以下の3種類の名称をコンテキストに設定しています。

- タスクを実行するために使うアプリ
- タスクを実行するために行く場所
- タスクを実行するために使うツール

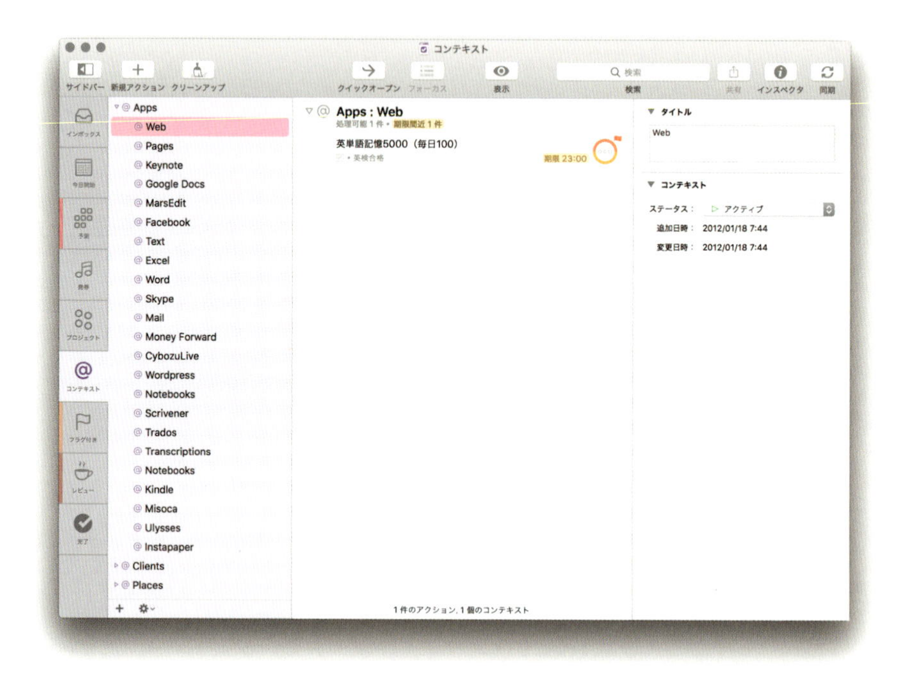

たとえば、「プロジェクトの進捗メールを送る」というタスクがあった場合、使用するのはメールアプリなので、「Mail」というコンテキストを割り当てておきます。また、「ブログ記事を書く」というタスクの場合、ブログ記事を書くためには「MarsEdit」というアプリを使うので、コンテキストには「MarsEdit」と入れておきます。

試行錯誤してきた結果なのですが、もともとは翻訳の仕事を請け負っていた際、クライアント別に指定されるツールが異なったため、まちがえないようにアプリ名を入れたのが最初でした。

「タスクの処理をスムーズに進めるためには、どのツールを使うのかまでがタスク名のそばに入っているといい」

そう気づいたので、その後は「何がコンテキストに入っているとスムーズにタスクを処理できるか」を基準に、項目を増やしていくことになりました。

このように、コンテキストに入れる内容については「自分ルール」を適用することにしておくと、「OmniFocus」の使い勝手がアップします。

条件に合うタスクを一瞬で一覧表示するには

先に「さまざまな条件でタスクを一覧表示できる、多彩な表示方法がある」と書きましたが、それが「パースペクティブ」です。たとえば、

・プロジェクトごとにタスクを表示する
・コンテキスト別にタスクを表示する

というのも、すべて「パースペクティブ」の中の1つの表示方法です。

パースペクティブは、「パースペクティブ」メニューから「パースペクティブを追加」を選択すると表示されるウィンドウで、いくつでも作ることができます。たとえば、

「所用時間が5分で、『家族』というテキストが含まれるタスク」

といった条件を指定してパースペクティブを作って、「短時間／家族」という名前で保存しておきます。そうしておくと、たくさんのタスクの中から

目的に合うタスクを目で探さなくても、「短時間／家族」というパースペクティブを選択するだけで、条件に合うタスクを一瞬で一覧表示してくれます。

仕事では複数の長期にわたるプロジェクトでたくさんのタスクを抱えているうえに、プライベートでも自分の結婚式が控えていたり、同窓会などの幹事をまかされていて、日常のゴミ当番などの用事も外せないなどと、1人の人が抱えるタスクが膨大になることがあります。そんな時こそ、「OmniFocus」にタスクをすべて書き出しておき、状況に応じたパースペクティブを作成しておけば、慌てずに、淡々とタスクを実行していくことができるのです。

第5章

テキストを制する者はMacを制す

もっと自由に日本語入力をする

日本語のテキスト入力は英文よりも1つ余計な手間がかかる

頭の中で文章を考えるだけで、その内容がババッとテキストファイルとしてできあがる——SFの中だけの話みたいですが、音読中の脳波を分析することで、その内容をテキスト化することに成功したという研究成果が、2015年の6月にWIREDに掲載されました。

- **「脳波からのテキスト再現」に成功**
  http://wired.jp/2015/06/23/brain-to-text-tech/

睡眠中の脳波を解析することで、見ている夢をディスプレイに表現することにも部分的に成功している時代です。脳波からダイレクトにテキスト入力することも、それほど遠くない時代に実現するかもしれません。

現実に戻ってみると、日本語のテキスト入力には英文よりも1つ余計な手間があります。漢字変換です。たとえば「へんかん」といっても、文脈次第で漢字の「変換」だったり、領土の「返還」だったりするので、誤変換の発生率が高くなりやすいのです。人間自身が目で確認しながら入力していても、誤ります。誤っている可能性について考えながら入力するのもストレスです。

そろそろ、「ひらがなでとことん入力しておいてから、漢字に変換して、機械の誤りを1つ1つ手で修正する」という方式に変化があってもいい頃でしょう。Macには、すでにその変化を引き起こそうという兆しがあります。

「日本語入力」の環境設定をおこなう

昔は「ことえり」というのがMacの基本的な入力システムでしたが、現在の日本語入力システムは「日本語入力」といいます。そのままの名前でかわいくない気がしますが、Macを日本で購入すれば最初から使えるようになっています。また、入力ソース（言語）を追加すれば、日本語以外の言語を入力することもできます。

日本語の入力方法は「かな入力」と「ローマ字入力」の2種類があり、環境設定の「キーボード」→「入力ソース」の「入力方法」で切り替えられます。環境設定の「キーボード」は、メニューバーに表示されている「あ」「ア」「A」などの文字のアイコンをクリックすると表示されるメニューから、「"日本語" 環境設定を開く」を選択すると表示されます。

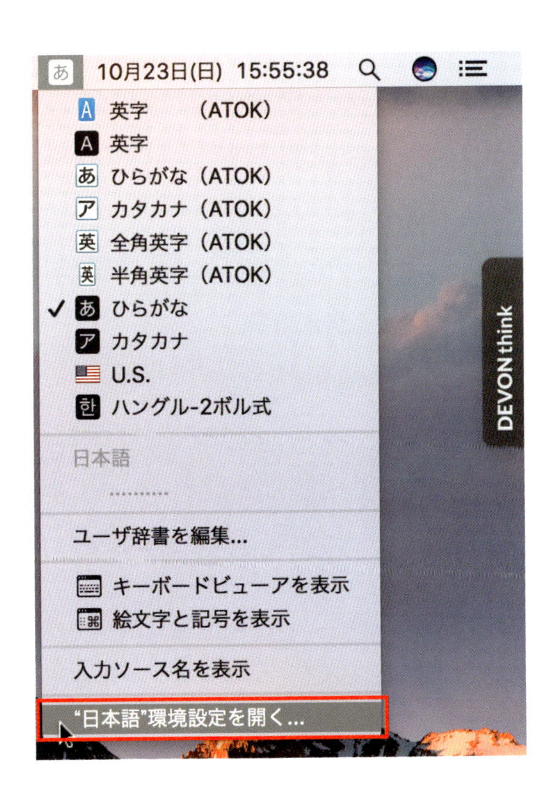

この画面では、Caps Lockキーの動作を変更したり、Windows風のキー操作に変更したりすることができます。「ちょっと使いにくいな」と思った時には、日本語の環境設定を変更してみると、使い勝手がガラッと変わるかもしれません。次に説明する「ライブ変換」機能のオン／オフも、ここで切り替えます。

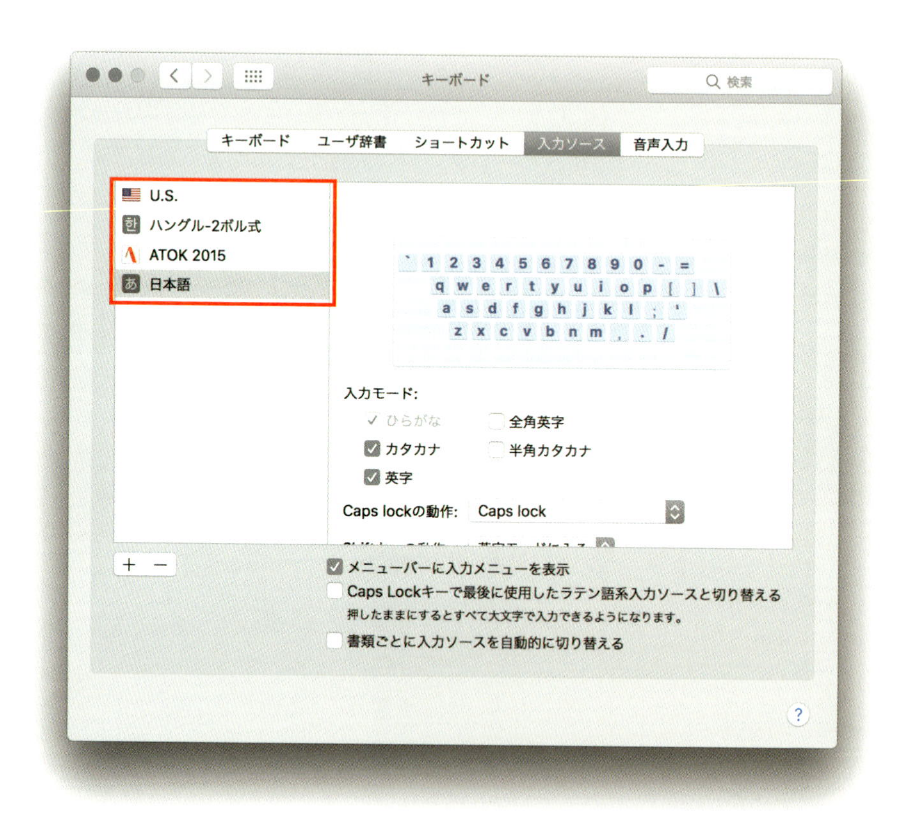

「ライブ変換」機能で変換や確定の手間を省く

通常、日本語を入力する時には、一定の文字数をひらがなで入力した後、変換候補を表示して、その中から変換する漢字やカタカナを選択して確定します。これは、誤変換を防ぐうえでは有効な方法のように思えますが、変換候補を表示したり、確定のためReturnキーを何度も押したりと、キーを押す回数がとても多くなります。

ところが、「ライブ変換」機能をオンにすると、長い文章をひたすら、ひらがなで入力していくだけで、Macが自動的に、漢字、カタカナ、ひらがなに文字列を変換してくれるのです。そのため、変換候補を表示したり、確定のためのReturnキーを押したりする回数が、劇的に減少します。これが、一気に文章を入力していくようなとき、たとえば人が話していることを同時に入力していく議事録、テープ起こしなどには、絶大な効果を発揮します。あらかじめ書くことが決まっている場合には、「ライブ変換」を使えば入力スピードが格段にアップするのです。

「変換候補を出してReturnキーで確定するという動作が減るだけで、これほど入力が楽になるのか」

と、がくぜんとします。

「ライブ変換」は、便利な反面、考えながらキーを打ち、休んでは考えてまたキーを打つ、というような「細切れスタイル」でテキストを入力する場合には向いていません。

ちなみに、この節の原稿はライブ変換で入力していますが、最初に書いたときに変換候補を出したのは、ここまでで二度ほどです。あとは、ほとんどMacが自動的に正しい漢字に変換してくれました。Returnキーを押すのは、「」を入力する時くらいでした。もちろん、推敲の段階で手を入れてはいますが、「頭に浮かんできた文章を、忘れないうちに入力しておける」という点で、「ライブ変換」が大いに役立ったのはまちがいありません。

これまでの入力方式にすっかり慣れてしまっていると、ライブ変換の「変換しなくていい」ということになじめず、手がついつい変換候補を出すように動いてしまって、ピクピクしてしまうのですが、慣れてくればこれほど楽なことはありません。

音声入力のコツは「なるべくはっきり、長めに話す」こと

ライブ変換機能を使うことで、だいぶ入力が楽になりますが、それでもまだ「キーボードのキーを打って入力する」ということには変わりありません。「入力する」という行為を単純に考えるなら、声で入力する「音声入力」もまた、多少の慣れは必要ですが、速く楽に入力する手段として最適です。

Macの音声入力は、十分に実用レベルに達しています。使い方によっては、手で入力するよりも速いことがあります。音声入力のためのショートカットキーは、使いやすい組み合わせに変更できるので、自分の使い方に合わせて変更しておくと、音声入力への切り替えがスムーズになり、音声入力を使うことへのハードルが下がります。ショートカットキーは、「システム環境設定」→「キーボード」→「音声入力」→「ショートカット」で変更できます。

入力のコツは、なるべくはっきり、長めに話すことです。もちろん、滑舌がいいほど、すぐに聞き取ってくれますが、単語単位で発話しても、文脈がないため、あまり思ったように変換してくれません。

長く話すには、書きたいことが決まっているほうがいいので、たとえば、手書きの原稿の清書や本の引用など、すでにテキストがあるものを読み上げるほうが得意です。「考えては、少し打つ」ということを繰り返すような入力のときには、音声入力は向いていません。

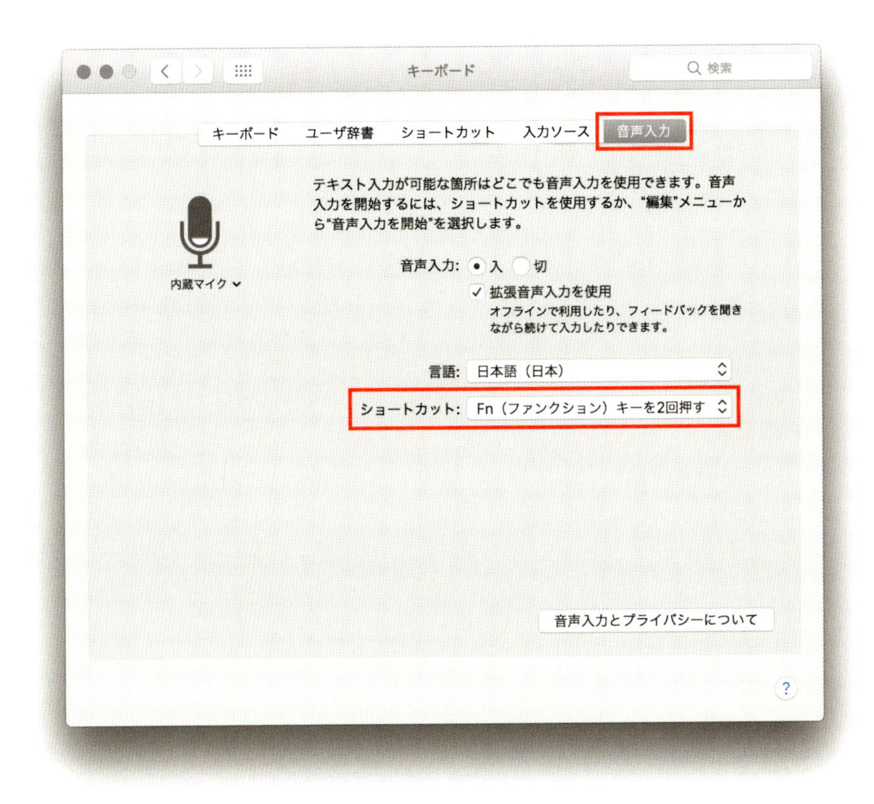

辞書機能が充実している「ATOK」

ライブ変換や音声入力がだいぶ楽だとはいえ、入力している語句の意味を確認したり、公に出す文章としてふさわしい漢字変換になっているかどうかを確認しながら文章を書きたい場合は、Mac標準の「日本語入力」だけでは心もとないことがあります。表現や漢字の意味に留意しながら書く必要がある場合は、ジャストシステムの「ATOK」が断然優秀です。無料でダウンロードできる辞書類も用意されているほか、互換性のある辞書類を別途購入してATOKに追加することもできます。言葉の意味を重視して変換効率も上げたい場合は、ATOKがおすすめです。

ATOKのMac版は、パッケージ版と「ATOK Passport」（月額課金制）があり、環境によってどちらかを選択できます。筆者は、常に最新版を利用できる「ATOK Passport」を利用しています。

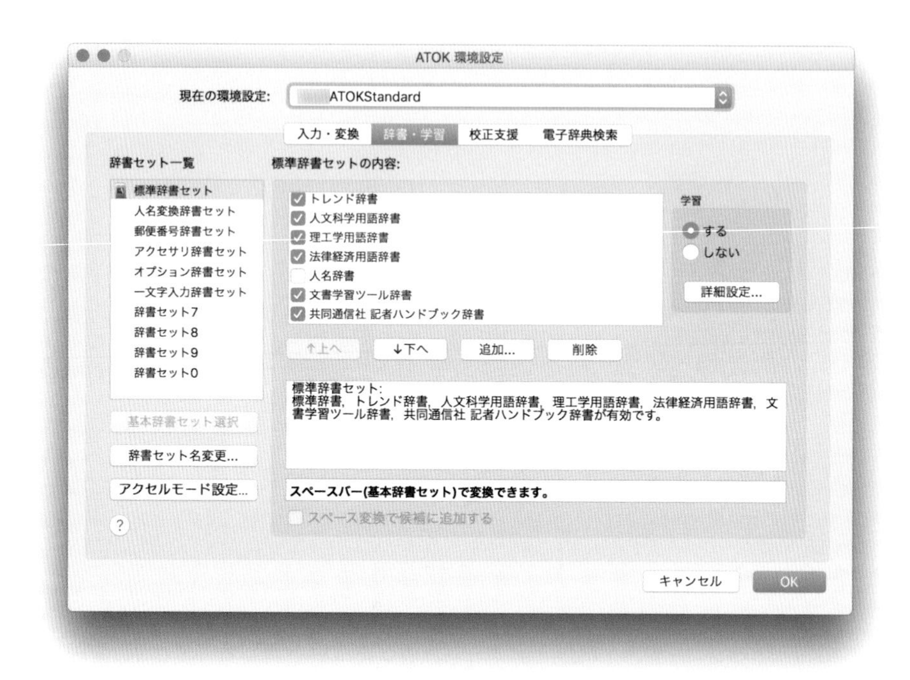

そのほか、SNSやブログなどにテキストを投稿することが多い人に人気なのが、だれでも無料で使える「Google日本語入力」です。特に、ネット用語や話題の製品名や氏名などはすぐに辞書に反映されるので、変換しやすく、使いやすいといえます。

コンテンツを効率的に使い回す

筆者が派遣社員として働いていた頃には、思えば「テキストのやりとり」という作業が仕事そのものであったことがありました。「用紙Aに記載されている住所を、用紙Bに書き写す」というだけで、それが「仕事」として成り立っていました。

「本に書かれている文章をコピーできたらいいのに」
「小学校で配られるプリントの文章をコピーできたらいいのに」

そういう歯がゆさを感じたことがありませんか？
Macを使っていても、同じような悩みが出てきます。

デバイス間でコピー&ペーストできる「ユニバーサルクリップボード」

Macを使っている人は、MacBookとiMac、MacBook ProとMac miniなど、複数のMacを使っている人が多いかもしれません。また、iPhoneやiPadとMacを一緒に使っているという人も多いでしょう。そうなると、複数のデバイス間でコピー&ペーストしたくなるような状況にしょっちゅう出会います。

「iPhoneに書いてあることをクリップボードでコピーして、Macのテキストエディタにペーストできたらすごく楽なのに……」

そんな「複数のデバイス間でのコピー&ペースト」を実現させるために、macOS SierraおよびiOS 10以前は、サードパーティ製のアプリに頼るしかありませんでした。もしくは、自分宛にコピーしたいテキストや写真を送り、iPhoneで受け取って使うといった裏技のようなことをする必要がありました。
　しかしながら、macOS SierraとiOS 10が登場してからは、これらがインストールされているデバイス間で、テキストや写真などのコンテンツをコピー&ペーストできるようになったのです。この機能を「ユニバーサルクリップボード」といいます。

ユニバーサルクリップボードを使うための条件とは

　「ようやく」といった感じが強いですが、注意点もあります。ユニバーサルクリップボードを使うためには、次のような条件を満たしている必要があるのです。つまり、条件に対応していない機種と環境では、ユニバーサルクリップボードを使えないということになります。

【Mac】（macOS Sierra以降）
- MacBook（Early 2015以降）
- MacBook Pro（2012以降）
- MacBook Air（2012以降）
- Mac mini（2012以降）
- iMac（2012以降）
- Mac Pro（Late 2013）

【iOSデバイス】（iOS 10以降）
- iPhone 5以降
- iPad Pro
- iPad（第4世代）
- iPad Air以降
- iPad mini 2以降
- iPod touch（第6世代）以降

【利用するすべてのデバイスの環境】
・同じApple IDを使ってiCloudにサインインしている
・Bluetoothがオンになっている
・Wi-Fiがオンになっている

これらの条件を満たした場合、「ユニバーサルクリップボード」を使えるようになります。
また、クリップボードに保持できるコンテンツは1つのみである点にも注意が必要です。クリップボードに保存されているコンテンツをほかのデバイスでペーストする前に、別のコンテンツをコピーしてしまった場合は、クリップボードの内容が最新のコンテンツで上書きされてしまいます。
多少の注意は必要でも、環境が整った状態であれば

「iPhoneでコピーしたURLを、Macのブラウザにペーストする」
「Macでコピーした写真を、iPadのノートアプリにペーストする」

といったことがかんたんにできるようになります。使い慣れると本当に便利です。

複数のコンテンツをためておける「Copied」

「ユニバーサルクリップボード」で複数のデバイス間でのコピー&ペーストが便利になったとはいえ、コピー&ペーストできるのはたった1つのコンテンツのみです。ふだんの作業を考えてみてください。

Webサイトで調べ物をしていて、「これをコピーしたい」とコピーしたものの、「あ、こっちが先だ」とコピーし直す。
テキストエディタなどにペーストしてから、「さっきコピーしたテキストも使いたい」と思ってしまう。

そして、もう一度、該当箇所をコピーし直してこなければならない。

こういうことを繰り返していること、じつは多いと思うのです。これが、「さっきコピーした」ものを再度コピーしてくるのだったら、まだかんたんです。しかし、「たしか、1週間前くらいにコピーした覚えが……」となったらどうでしょう。コピーし直すのは大変です。

こうした状況にも対応できるのが、複数のコンテンツをためて保存しておける、サードパーティ製のクリップボードアプリ「Copied」です。

・Copied
https://itunes.apple.com/jp/app/copied-copy-paste-everywhere/id1015767349

こうしたアプリはいろいろありますが、ユーザーインターフェイスがダントツで使いやすく、わかりやすいので、おすすめです。もちろん、iOS版も用意されています。

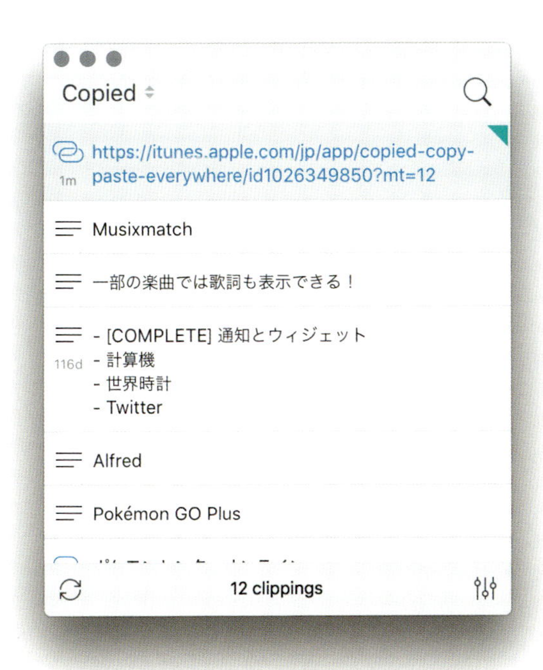

「Copied」を起動した状態でコンテンツをコピーすれば、自動的に「Copied」内に保存されていきます。保存できる最大コンテンツ数は、1,000件です。

「Copied」に保存されたコンテンツを使いたい場合は、以下のようにします。

- 目的のコンテンツを選択して Command＋C → 選択したコンテンツがコピーされる
- Command＋数字キー → 選択した数字キーの行にあるコンテンツがコピーされる

保存されているコンテンツは、何度でも使い回しできるうえ、コンテンツを編集して使うこともできます。たとえば、よく使う住所、氏名、挨拶文などを「Copied」に保存しておくのも便利です。

テキスト変換アプリを徹底的に使いたおす

登録単語数が100を超えたあたりから、「もう戻れない」と実感できる

見た目がどれほどスタイリッシュなMacを使っていたとしても、それでダラダラ仕事をしていたのでは残念ですし、そのうちMacを使っている意味も感じなくなってしまうでしょう。

Macの操作スピードを上げるための工夫はいろいろありますが、そのなかで、一番かんたんにできるうえに効果も大きいものが、「単語登録」です。単語登録をやってないという人は、あまりいないでしょう。「めーる」と入力して変換すると自分のメールアドレスが表示されるというものです。

「その程度のことで」

タイピングが得意という人はそう思うかもしれませんが、そう思ってしまうのは登録している単語数が少なすぎるからです。10～20個程度の単語を登録しているだけでは、それほど効果を感じられないかもしれません。桁を1つ上げることを目指しましょう。

登録単語数が100を超えたあたりから、「もう戻れない」と実感できるほど、仕事のストレスが減って、タイピングの速度アップが体感できるでしょう。メールアドレスや自宅の住所ばかりではなく、ブログのURLやTwitterのID、さらによく使うけれども読み方がわかりにくい最新サービス、さらには流行言葉のようなものまでどんどん登録しているうちに、「書き始めるのが困難」だとか「デジタルにメモをするのは面倒」という感覚が消滅します。

そのためにも、デフォルトの単語登録機能だけではなく、単語を登録しやすいテキスト変換アプリなども使ってみましょう。幸い、Macで使える高機能なテキスト変換専用アプリもあります。

「日本語入力」によく使う単語を登録する方法

まずは、「日本語入力」に、自分がよく使う単語を登録しておく方法を押さえておきましょう。「何度も同じ語句を入力しているな」と思ったら、すかさずその語句を登録しておくのです。

「日本語入力」では、「ユーザ辞書」に語句を登録しておくことになります。たとえば、「日本語入力」という単語をよく入力しているなと思ったとしたら、以下のようにします。

❶「日本語入力」という単語をコピーします。

❷ メニューバーの「日本語入力」システムのアイコンをクリックして、「ユーザ辞書を編集」を選択します。

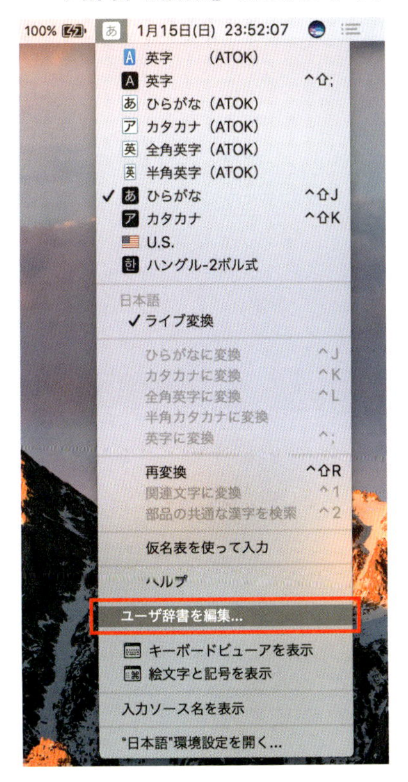

❸「キーボード」ウィンドウの「ユーザ辞書」が表示されるので、ウィンドウの左下にある「+」をクリックします。

❹ 新しい項目を入力するためのテキストボックスが表示されるので、左側の「入力」に読み仮名を入力し、右側の「変換」にコピーしておいたテキストを貼り付けます。

iPhoneやiPadでも長文を楽に入力できるように

読み仮名は、自分がわかりやすいように、かつ、なるべく短く入れておくと使い勝手がよくなります。ただ、あまり短い読み仮名にしてしまうと、普通に文章を入力しているときに変換をまちがえてしまう可能性が高まるため、ほどほどの長さがいいようです。

筆者は、「よろ」で次の2つのパターンを登録しています。

- よろしくお願いします。
- よろしくお願い申し上げます。

これだけで、前者の場合は変換前で10文字、後者の場合は変換前で14文字分、タイピングの労力を節約できます。こういうことが積もり積もっていくと、いかに楽になるかがわかるでしょう。

また、「日本語入力」の場合は、iCloudをオンにしていれば、複数のデバイス間で同期されるため、どのMacを使っていても、あるいはiPhoneやiPadでも、同じルールで語句を素早く入力することができます。キーボードが使えるMacでないと苦もなく打てない長い文章を登録しておくと、iPhoneやiPadのフリック入力でもかんたんに入力できて格段に楽になるのです。iPhoneやiPadを使っている場合は、その点もふまえて、たくさんの単語を「ユーザ辞書」に登録しておくといいでしょう。

「TextExpander」でより高度なテキスト省入力を実現

「日本語入力」の「ユーザ辞書」によく使う表現をたくさん登録しておくだけでもどんどん便利になるのですが、「ユーザ辞書」だけではできないこともあります。

- 複数の行にまたがる文章を登録しておくことができない
- 日付など、入力時期によって自動的に変更させたい要素（すなわち変数）を入れておくことができない

これらの要件を満たすには、サードパーティ製のテキスト省入力アプリを使う必要があります。定番は、「TextExpander」です。

・TextExpander

https://smilesoftware.com/textexpander

「TextExpander」は、Mac版のほかにiOS版も販売されており、すべてそろえると、複数のMac間だけでなく、MacとiOSデバイスの間でも、同じルールでテキストを省入力できるのが魅力です。プログラミング言語であるJavaScriptも使えるため、プログラミング関連の仕事をしている人にも向いています。

定型文のまとまりのことを「スニペット」と呼ぶのですが、このスニペットに「キーワード」を設定しておくと、最小限のテキストを入力するだけで、スニペットに保存されているテキスト全文を、カーソル位置に展開(ペースト)してくれます。

たとえば、3行にわたる以下のスニペットがあるとしましょう。

○○様
いつもお世話になっております。
どうぞよろしくお願いいたします。

「,aisatsu」というキーワードを登録しておくと、「,aisatsu」と入力するだけで、3行分のスニペットが、一瞬で展開されます。キーワードの最初に「,(カンマ)」を付けているのは、普通に入力する言葉とかぶらないようにしておくためです。普通に入力する言葉と同じキーワードを設定してしまうと、意図しない箇所でスニペットが展開されてしまい、その度に削除しなければならなくなってしまいます。

変数を使いこなせば入力の手間もミスも大幅に減らせる

TextExpanderでとても便利なのは、変数（状況に応じて変化する値）が使えることです。たとえば、「%Y 年 %M 月」とスニペットに入力しておくと、スニペットを展開した日が「2017年3月」だった場合、自動的に「2017年 3 月」と表示されます（変数と全角文字の間には、半角スペースが必要）。「%Y」は年を表す変数で、「%M」は月を表す変数です。

これをもう少しだけ工夫して、筆者は請求書を送る場合の文章では以下のようにして変数を使っています。

%@-1M 月

これは、今「3月」のときに、変数上で引き算をして、「3-1」の結果の「2」を表示するようにしています。請求書は前月の分を送ることがほとんどですが、毎回1か月前の「2月」に書き換えるのが面倒だからです。このように、変数を駆使していくと、入力の手間が大幅に減るうえ、まちがいもなくなります。

また、TextExpanderのスニペット内には、ほかのスニペットを呼び出す変数もあります。たとえば、本文のスニペットと署名のスニペットを分けて管理しておけば、署名内の情報に変更があっても、いくつものスニペット内の署名部分を変更しなくても、署名スニペットひとつを変更すれば済みます。

これだけ便利な機能を備えたTextExpanderですが、価格が高いのが少々ネックかもしれません。TextExpanderは、買い切り型のアプリではなく、毎月あるいは毎年、使用料を支払っていくサブスクリプションモデルを導入しているため、使い続ける限り、使用料を払っていく必要があります。執筆時点では、新しくTextExpanderのユーザーになる場合、1か月ずつ支払うプランで4.16米ドルとなっています。年払いならばもう少し安くなりますが、いずれにせよ、個人で「ちょっと便利そう」というだけでは導入しにくいかもしれません。

意外に使い勝手がいい「Alfred」の「Snipets」機能

「便利なテキスト省入力機能を、もう少し手頃な価格で使いたい」という場合におすすめなのが、「Alfred」です。

- Alfred
  https://www.alfredapp.com/

「Alfred」は、じつはテキスト省入力に特化したアプリではありません。Mac上のアプリやファイルを検索したり、アプリや機能を組み合わせて操作を自動化したりすることができる、高機能なアプリなのです。

テキスト省入力のための「Snippets」機能は、「Alfred」に数ある機能の中の1つで、有料の「Powerpack」を購入すると使えるようになります。「Powerpack」は、執筆時点では、シングルライセンスが19英ポンド（約2,600円）ですから、「TextExpander」よりは安く済みます。「TextExpander」ほど高機能ではありませんが、「Snippets」機能以外の便利な機能も使えるのでおすすめです。

「Alfred」の基本的な使い方は「TextExpander」と同じで、スニペットの本文とキーワードを保存しておくことで、キーワードを入力するだけでスニペットを展開できるようになります。

「Alfred」の「Snippets」機能では、変数は利用できません。その代わりに、「プレースホルダー」を利用できます。たとえば、

{date:YY} 年 {date:M} 月

とスニペットに入力しておくと、展開したときには「2017 年 3 月」というように表示されます。「TextExpander」のように変数ではないので、自動的に計算させるようなことはできません。また、スニペットを入れ子にすることもできません。しかし、通常使う場合はこれだけでも十分ではないでしょうか。

省入力機能の使用時にはアクセシビリティの設定に注意

「TextExpander」でも、「Alfred」の「Snippets」機能でも、テキスト省入力機能を使う場合は、Macに許可を与えておく必要があります。いずれの場合も、以下のようにします。

❶「システム環境設定」の「セキュリティとプライバシー」で、「アクセシビリティ」を選択します。
❷「変更するにはカギをクリックします。」をクリックして変更可能な状態にしてから、「TextExpander」や「Alfred」のチェックボックスをオンにします。

これにより、各アプリケーションでコンピュータを制御できるようになり、「テキストを入力している最中に、スニペットを展開する」という操作ができるようになります。

紛失しない・検索できるメモを使いこなす

やるべきことを全部頭で覚えておいて、それを1つ残らず完遂できるという人はほとんどいないでしょう。それくらい、覚えておくべきことが増えてしまっているのです。いまや生活でも仕事でも、「メモ」は欠かせない道具となっています。人類は「紙にメモをする」ことで、ほかの動物にできないことをいろいろと成し遂げてきています。

ただ、紙のメモにも欠点があります。紛失してしまったり、紛失しなくてもたくさんありすぎて、探し出せなくなってしまうことです。

「デジタルメモ」なら、そんなことにはなりません。捨てない限り紛失はしませんし、「検索」という機能があるので、たくさんあっても探し出すのはかんたんです。せっかくMacというコンピュータを使っているのですから、「メモ」もデジタルの恩恵を思う存分に受けたいところです。

PDFやメディアも取り込める

Macに標準で装備されている「メモ」は、かなり高機能です。「デジタルメモ」に期待するようなことは、ほとんどなんでもやれてしまいます。いいアイディアを思いついたり、気になることがあったら、とりあえずなんでもMacのメモに記録しておきましょう。あとできっと救われることになるはずです。

Macにメモするとなると、ちょっと気になるのが「Macから離れたところで確認できない」ということかもしれません。でも、iPhoneやiPadなどのiOSデバイスを持っていれば、そんな心配も不要です。特別なことをなにもしなくても、それらのデバイスと自動で同期しておいてくれるので、Macのメモとまったく同じ内容のメモを、外出先でも確認することができます。

「メモ」アプリでは、メモにプレーンのテキストを入力できるほか、次のようなこともできます。

・フォントを太字や斜体にするなど、かんたんな修飾をする
・リスト形式で入力して、チェックリストを作る
・写真や音声ファイルを取り込んで、保存する

「メモ」と聞いて想像するよりも、はるかにいろいろなことができるのです。とりあえず、どこに入れたらいいかわからないテキストやファイルを「メモ」に保存しておくというのもいいかもしれません。また、Siriを使ってメモを作るのも、楽で早い方法としておすすめです（Siriについては第3章を参照）。

メモに添付できるファイルは、写真、音声ファイル、PDFなどと幅広いので、「1つのテーマに関する情報をメモに集約しておく」といった使い方もできます。

メモにファイルを添付するには、以下のようにします。

❶「編集」メニューから「ファイルを添付」を選択します。

❷ ファイル選択用のウィンドウが表示されるので、目的のファイルを選択します。

実際には、メニューから「ファイルを添付」を選択しなくても、メモ上にファイルをドラッグ&ドロップすれば、添付できます。こちらのほうが便利なやり方かもしれません。

音声ファイルは、メモの中でそのまま再生できますし、写真やPDFには書き込みができます。たとえば、メモに取り込んだPDFに書き込みをする場合は、以下のようにします。

❶ PDFにカーソルを合わせると表示されるアイコンをクリックし、「マークアップ」を選択します。

❷ マークアップ用のウィンドウが表示されるので、ペンツールや図形ツールを使って書き込みをしたり、署名をしたりして保存します。

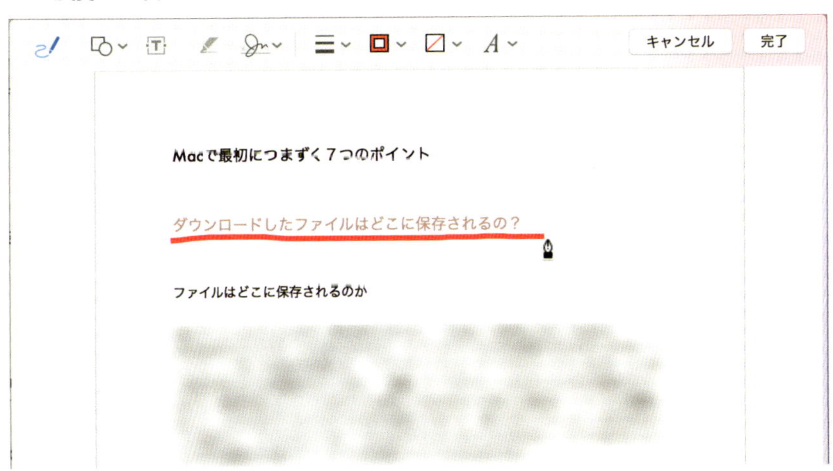

作成したメモは、「共有」アイコンをタップすると表示されるメニューから、共有先を指定して、SNSやメールで内容を共有することができます。見栄えを保ったまま共有したい場合は、「ファイル」メニューから「PDFとして書き出す」を選択し、PDFとして送るといいでしょう。

▼「共有」アイコンをクリックしているところ

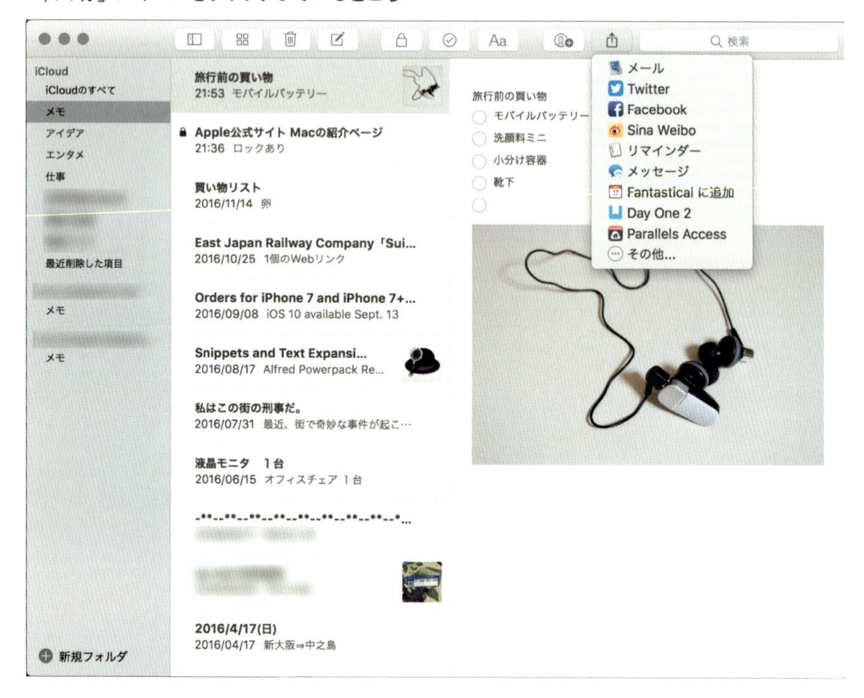

「写真」アプリ内のアルバムから、写真を直接メモに添付することもできます。その場合は、以下のようにします。

❶「ウィンドウ」メニューから「写真ブラウザ」を表示します。

❷「写真」アプリのアルバムが読み込まれるので、目的の写真を選択して、メモ上にドラッグ&ドロップします。

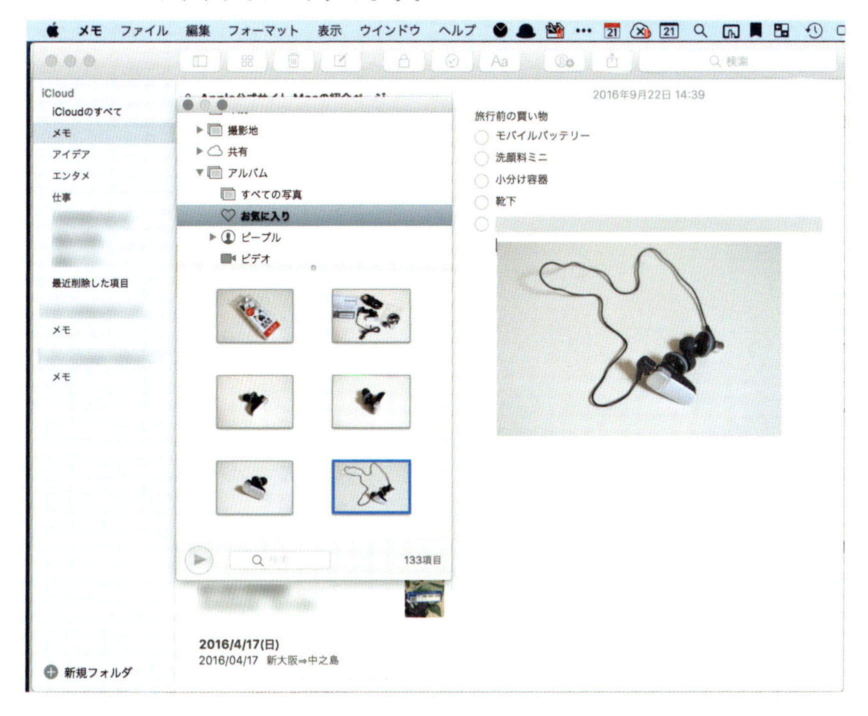

Webクリッピングにメモを使う

「メモ」にテキストを入力したり、ファイルを添付したりして保存しておくことも便利ですが、さらに便利なのが「Webクリッピング」機能です。ブラウザに「Safari」を使っている場合に限りますが、リンク先のアイキャッチ画像や概要と一緒にWebページを保存できるので、単なるブックマークよりも見返しやすく、わかりやすいのです。

「Safari」で「メモ」にWebページを保存するには、以下のようにします。

❶ 保存したいWebページを表示した状態で、「共有」アイコンをクリックし、「メモ」を選択します。

❷ クリップしたWebページの情報が「メモ」ウィンドウに表示されるので、追加したい情報があればテキストを入力し、保存先のメモを指定して「保存」をクリックします。

メモを人に見られないようにロックする

「メモ」にはさまざまなアイディアを保存しておくことになりますが、中には人に見られたくない内容もあるはずです。そのようなメモがある場合は、ロックをかけて、パスワードを入力しないと見られないようにしておくと安心です。

メモにロックをかけるには、以下のようにします。

❶ ロックしたいメモを表示した状態で、鍵のアイコンをクリックし、「このメモをロック」をクリックします。

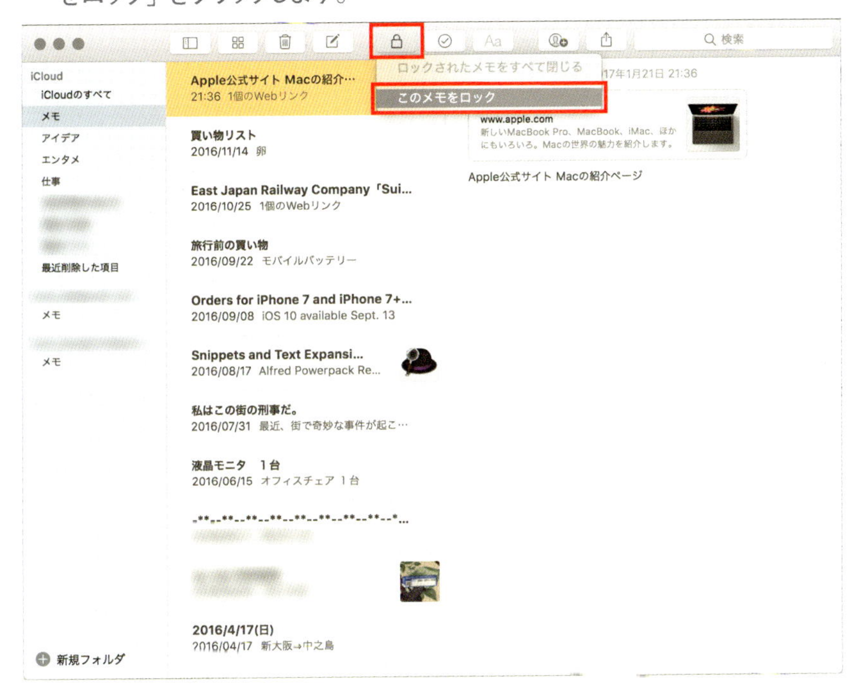

❷ 初回は、パスワードを決めるためのウィンドウが表示されます。パスワードを入力し、確認としてもう一度同じものを入力したら、「パスワードを設定」をクリックします。

❸ 再度、鍵のアイコンをクリックし、「このメモをロック」を選択すると、パスワードを入力しない限り、メモは表示されなくなります。ロックを解除したい場合は、「ロックを削除」を選択します。

注意したいのは、メモにロックをかけても、メモの1行目はタイトルとして見えてしまう点です。ですので、1行目には見られてもかまわず、かつ、どのようなメモなのかがわかるような語句を入力しておくといいでしょう。

テキストを自由に書くためのエディタを選ぶ

なぜ、Word以外の道具を使うのか

メモやノートなど、テキストを自由自在に扱おうと思ったら、手になじむテキストエディタというものは必須のツールになります。

「機能がシンプルでも超高機能でも、文章執筆のツールにそれほど違いはないのでは」

「たとえ超高機能だからといって、いまどきのパソコンであれば、動作が極端に遅くなることなどないし、それこそなにかといわれがちなWordであっても、文章を入力するだけであれば十分な速度で対応してくれる」

「動作が軽快であっても、書きたい文章が頭に思い浮かばなければ、作業は少しも進まない。ただ手を動かせばいいというものではないのだから、エディタの動作がいかに速くても、仕事の速度がいっこうにアップしないことは十分にありえる」

そう考える方もいるでしょう。たしかに、そのような面があるのも事実です。

しかし、たとえばメールに添付されてくるテキストを、いちいちWordを使って開くというのは、重々しすぎる感じがするものです。文字を整形したり、文字に色をつけたり、文章を枠で囲ったりしたいときと違って、自分の考えるところをただ文章化したいだけなら、文字だけを手軽に高速に扱ってくれるテキストエディタを使うのが便利です。

また、見た目のいいものやスタイリッシュなアプリを使うと、心なしか仕事をするモチベーションが高くなったりもします。これは、盛り付けが美しく見た目で食欲をそそる料理のほうが、適当に盛り付けられている見

た目のショボイ料理よりも箸が進むことと似ています。「扱いやすい道具であったほうが、生産効率が高くなる」というのは当然かもしれませんが、単純に見た目がいいだけでも仕事がはかどることはあるのです。

問題は、たとえばWindowsなどと比べた場合、「いったいどんなテキストエディタを使えばいいか」を見つけるのに、意外と手間どるところです。

「日本語を扱うのに便利か」
「無料か、有料なのか」
「見た目がスタイリッシュか」

など、いろいろと検討することが多いのです。

とはいえ、Mac用のテキストエディタにはかなりの数がありますし、その内容も多種多様です。だからきっとお気に入りの、手放せなくなるツールを見つけることができるはずです。

基本は「テキストエディット」

まず、テキストエディタについて難しいことを考えなくても、Macにはだれでも使える「テキストエディット」というテキストエディタが、あらかじめインストールされています。テキストファイルを作成する場合や、テキストファイルを受け取った場合、特にこだわりがないのなら「テキストエディット」を使えば、十分に目的は果たせるでしょう。

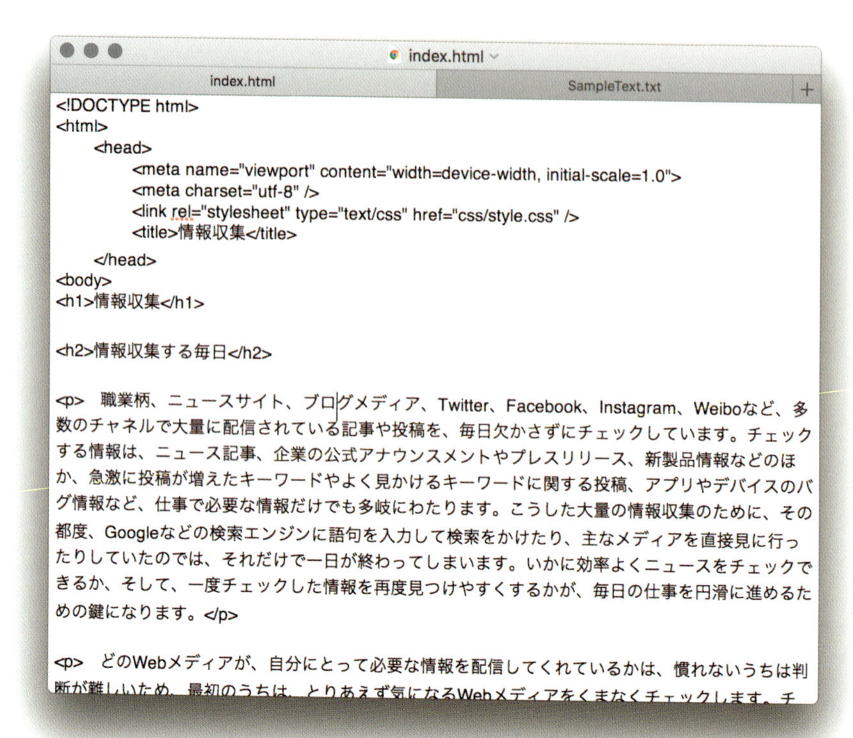


```
<!DOCTYPE html>
<html>
	<head>
		<meta name="viewport" content="width=device-width, initial-scale=1.0">
		<meta charset="utf-8" />
		<link rel="stylesheet" type="text/css" href="css/style.css" />
		<title>情報収集</title>
	</head>
<body>
<h1>情報収集</h1>

<h2>情報収集する毎日</h2>

<p>　職業柄、ニュースサイト、ブログメディア、Twitter、Facebook、Instagram、Weiboなど、多数のチャネルで大量に配信されている記事や投稿を、毎日欠かさずにチェックしています。チェックする情報は、ニュース記事、企業の公式アナウンスメントやプレスリリース、新製品情報などのほか、急激に投稿が増えたキーワードやよく見かけるキーワードに関する投稿、アプリやデバイスのバグ情報など、仕事で必要な情報だけでも多岐にわたります。こうした大量の情報収集のために、その都度、Googleなどの検索エンジンに語句を入力して検索をかけたり、主なメディアを直接見に行ったりしていたのでは、それだけで一日が終わってしまいます。いかに効率よくニュースをチェックできるか、そして、一度チェックした情報を再度見つけやすくするかが、毎日の仕事を円滑に進めるための鍵になります。</p>

<p>　どのWebメディアが、自分にとって必要な情報を配信してくれているかは、慣れないうちは判断が難しいため、最初のうちは、とりあえず気になるWebメディアをくまなくチェックします。チ
```

「テキストエディット」の特徴は、以下のようなものです。

- 複数のウィンドウをまとめて「タブ」として扱える
- プレーンテキストだけでなくリッチテキスト（フォントの太さを変えてテキストを修飾したり、写真や図などを配置したりして文書の体裁を整えられる形式）も扱える

「テキストエディット」メニューから「環境設定」を選択すると表示されるウィンドウでは、テキストの表示方法やHTMLのエンコーディングなどを細かく設定できるので、テキストファイルの編集でも通常はあまり困る

ことはありません。

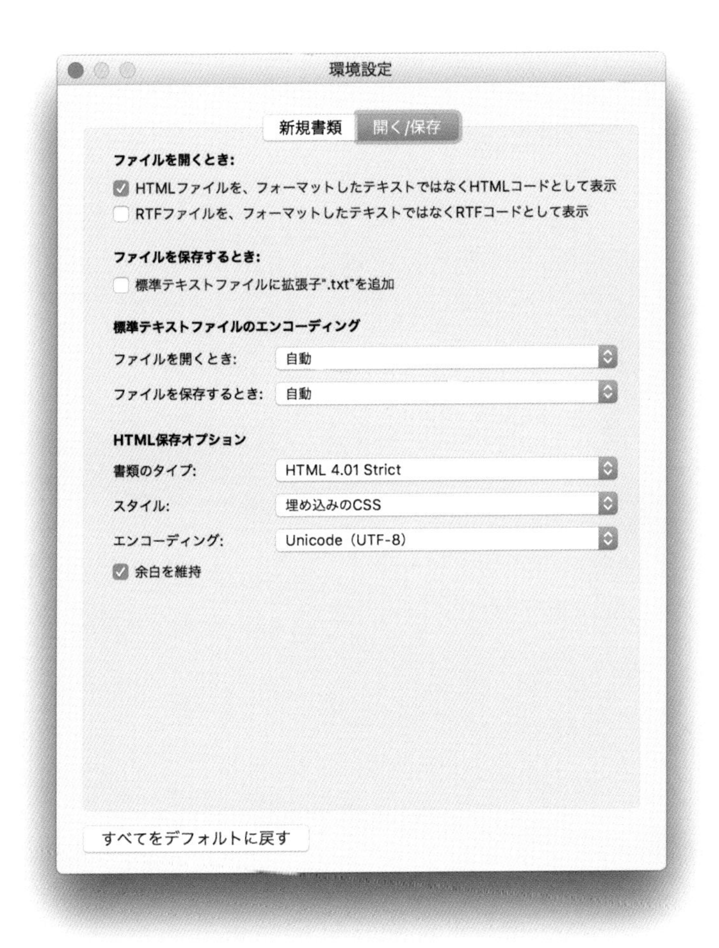

タグを含むテキストをよく扱う場合に便利な「CotEditor」

「テキストエディット」でもあまり困らないとはいえ、「最低限困らない」だけのことしかできないのが不満になります。たとえば、テキストの入力中に

・見やすいように画面の色を変える
・タグの部分だけ見やすいようにハイライト表示する

といった、「より見やすい環境」にするためのオプションは「テキストエディット」には備わっていません。

そこで、まずおすすめするのは、無料で使える高機能なテキストエディタ「CotEditor」です。

・CotEditor

https://itunes.apple.com/jp/app/coteditor/id1024640650

前述のような不満をすべて解消してくれるうえ、区別可能なシンタックス（構文）が豊富で、検索／置換で正規表現（文字列のパターンを柔軟に指定できる形式）が使えるなど、かゆいところに手が届く仕様なのです。海外生まれのテキストエディタが多いMacのアプリ環境で、安心して日本語を扱える数少ないテキストエディタともいえます。

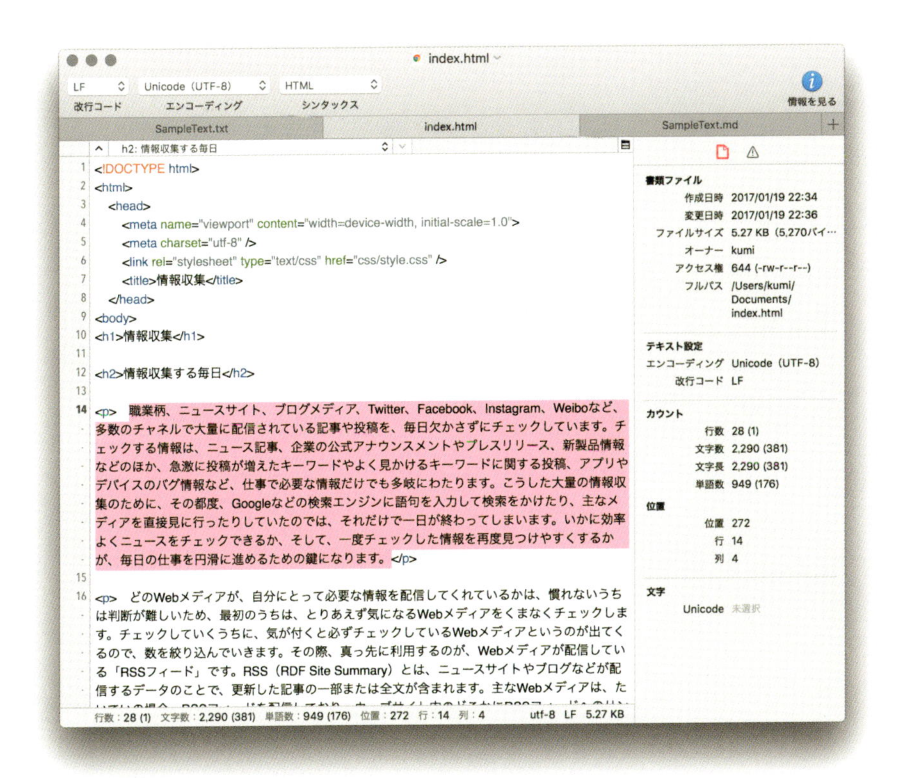

文字数や単語数、エンコードや改行コードの種別など、テキストファイルの情報も見やすく、ほしい情報が1画面ですべて見える親切なユーザーインターフェイスです。毎日使う道具として、これはかなり重要なことです。

画面を自分の見やすいように変更できる「テーマ」機能も備わっています。「CotEditor」メニューから「環境設定」を選択すると表示されるウィンドウで「表示」を選択すると、ウィンドウの左下の「テーマ」のところにあらかじめ11種類のテーマが用意されています。「＋」をクリックすることによって、自分で好みのテーマを作ることもできます。

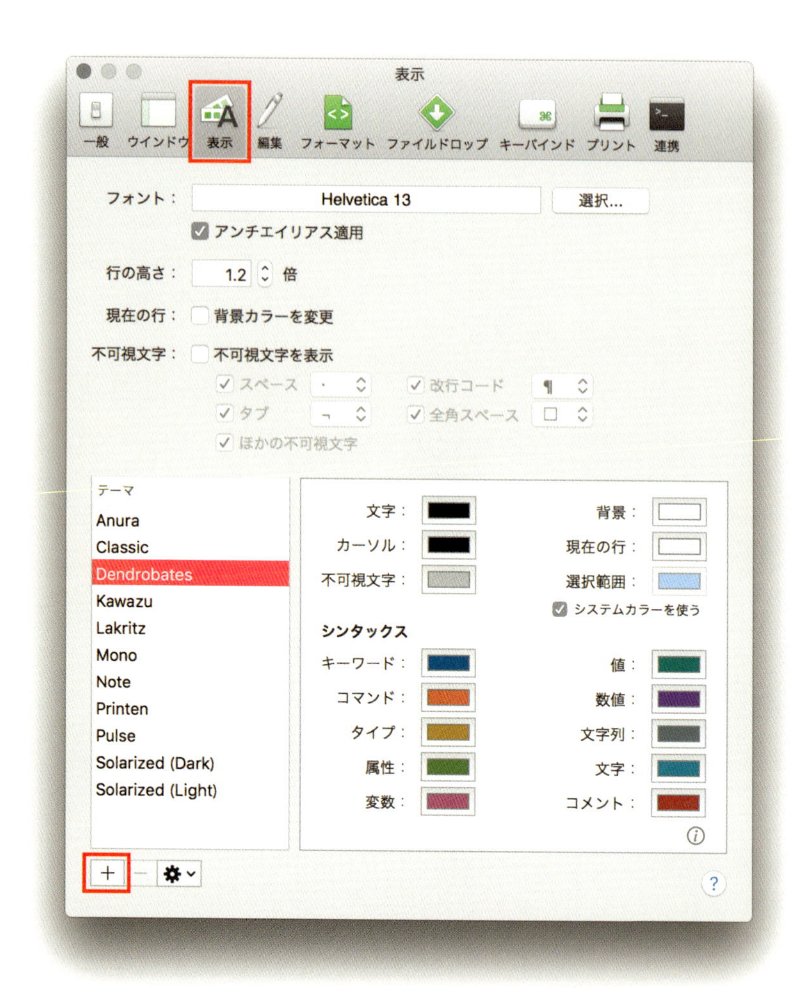

「環境設定」の「フォーマット」では、シンタックスごとの色分け（カラーリング）をするかしないか、設定を変更することもできます。独自のスタイルを適用できるのも便利です。やはり、HTMLファイルなど、コードを含むテキストファイルを日常的に扱う場合は、カラーリングができると、コードの視認性が高まり便利です。

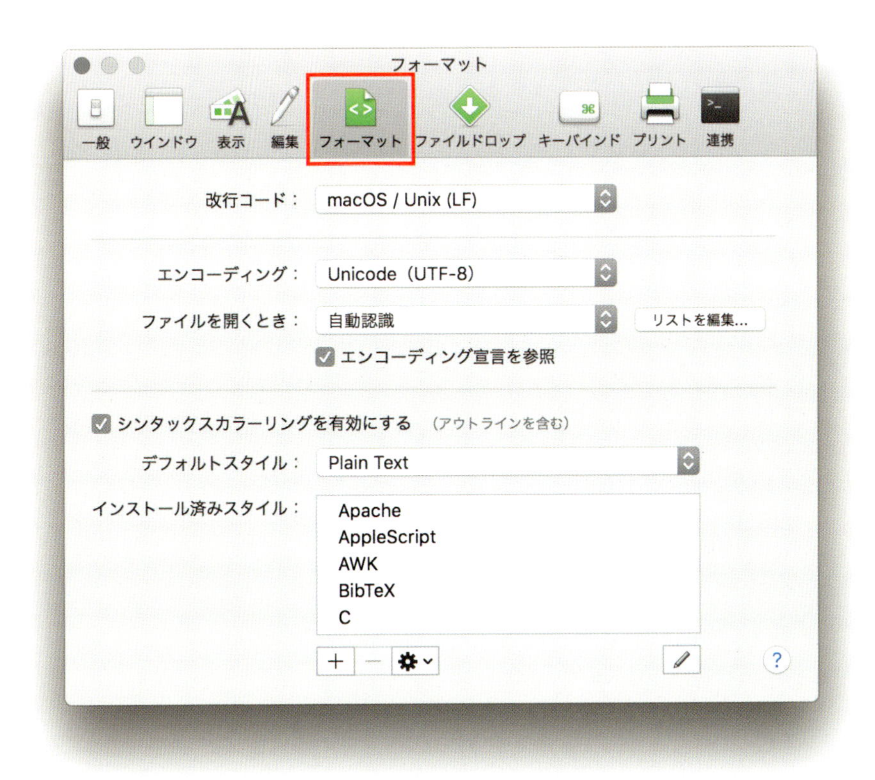

集中できるタイプライターモードのある「iA Writer」

「CotEditor」でもテキストエディタとしては十分なのですが、それ以上に使い勝手のいいテキストエディタはないのかと追い求めてしまうのがMacユーザーです。求める機能によって「自分にとって使い勝手のいい」テキストエディタは異なりますが、英語も入力する機会の多い人におすすめなのが、「iA Writer」です。もちろん、日本語の入力も問題ないのですが、「iA Writer」では、英語の場合、英文のシンタックス（名詞、動詞、副詞など）を色分けして表示する機能があるのです。

また、「タイプライターモード」といって、カーソルのある位置は常に同じ高さを保ったまま、行が変わると、それまでに入力されていたすべての行が、画面の上方に移動する表示方法があります。タイプライターを見たり触ったりしたことのある人ならおわかりかと思いますが、タイプライターでは、タイピングしている位置は常に変わらず、紙だけが上方にずれていきます。あれを再現しているのです。

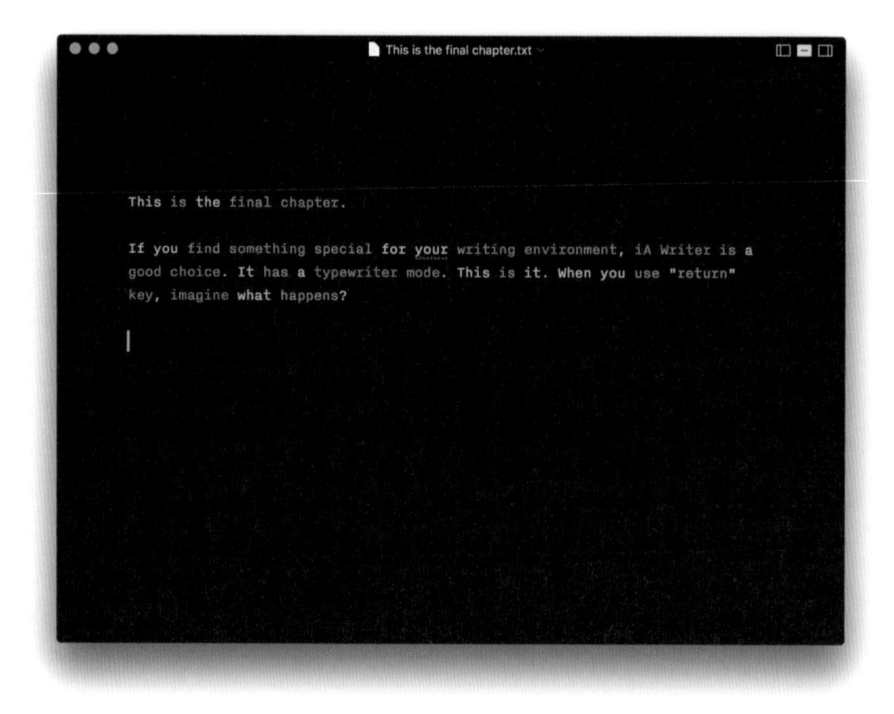

「タイプライターモード」の何がいいかというと、目の位置を常に同じ位置に保ったまま、入力を続けられるということです。普段、あまり意識したことはないかもしれませんが、普通にテキストを入力していると、視線が画面の下のほうへ下のほうへと動いていきます。ファイルを上方にスクロールしない限り、視線は下へと動いていってしまいます。それが、「タイプライターモード」ならば、常に同じ行を見ていればいいので、目の疲れ

がだいぶ軽減されます（筆者の個人的な感覚ですが）。

また、「iA Writer」には、ブログサービスの「Medium」や「WordPress」との連携機能があり、「iA Writer」で書いた原稿をそのまま「Medium」や「WordPress」へ「下書き」としてアップロードすることができます。Mac版だけではなく、iOS版も販売されているので、「Macで書いた原稿の続きを、iOSデバイスで書く」ということもかんたんです。

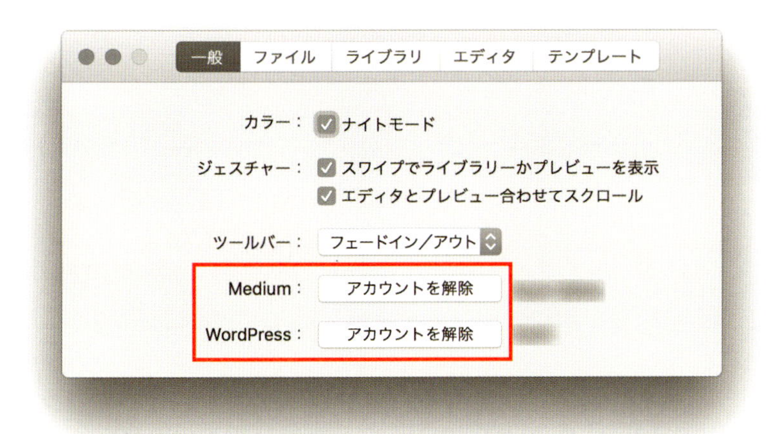

カスタマイズしやすくブログの執筆にも向いている「Ulysses」

クセが少なく、カスタマイズもしやすいテキストエディタの代表が「Ulysses」です。執筆時点のApp Storeの価格で5,400円とそれなりの金額ですが、カスタマイズの自由度が高かったり、高機能なのが特徴です。iOS版を別途購入すれば、iPhoneやiPadともファイルを共有できるので、どこでも同じツールを使って執筆したい人には便利です。

基本的には、プレーンのテキストを「シート」という部分に入力していくスタイルですが、HTMLをかんたんに生成できるMarkdown記法にも対応しているほか、独自のマークアップ記号も登録できるため、普段社内で独自ルールを使って書いている場合にも重宝します。

「はじめに」として、マニュアル自体がグループに組み込まれており、このマニュアルの構造やシートを見ることで、使い方を実践的に覚えられるのが利点です。複数のグループを入れ子にしてフォルダのように使えるので、章立ての多いマニュアル、論文、書籍などの執筆に適しているほか、WordPressとMediumというブログサービスにアカウントを登録すれば直接投稿できるので、ブログを日常的に書いている人にも最適です。

外部のフォルダを「Ulysses」に取り込んで、「Ulysses」のグループのように扱うこともできます。別のテキストエディタなどで書いたファイルを保存してあるフォルダを丸ごと「Ulysses」に取り込めば、続きを「Ulysses」上で書くこともでき、違和感もほとんどありません。

ちなみに、本書の原稿の大部分は、筆者が2人とも「Ulysses」で書いており、以下の方法で共同執筆を進めました。

・Dropboxの共有フォルダを「外部フォルダ」として読み込む
・お互いの原稿をそのまま「Ulysses」内でドラッグ&ドロップする
・続きを書いたり、加筆修正をする

シームレスに共同作業を進めるためのツールとしても、「Ulysses」は優れているのです。

そして何より、カスタマイズできる範囲が広いことが、さらに快適な執筆環境をもたらしてくれます。たとえば、「Ulysses」では目に優しい色の組み合わせを使った「Solarized」というデザインを選択できます。自分で細かく色味を変更することもできますし、外部サイトから新しくテーマをダウンロードして適用することも可能です。

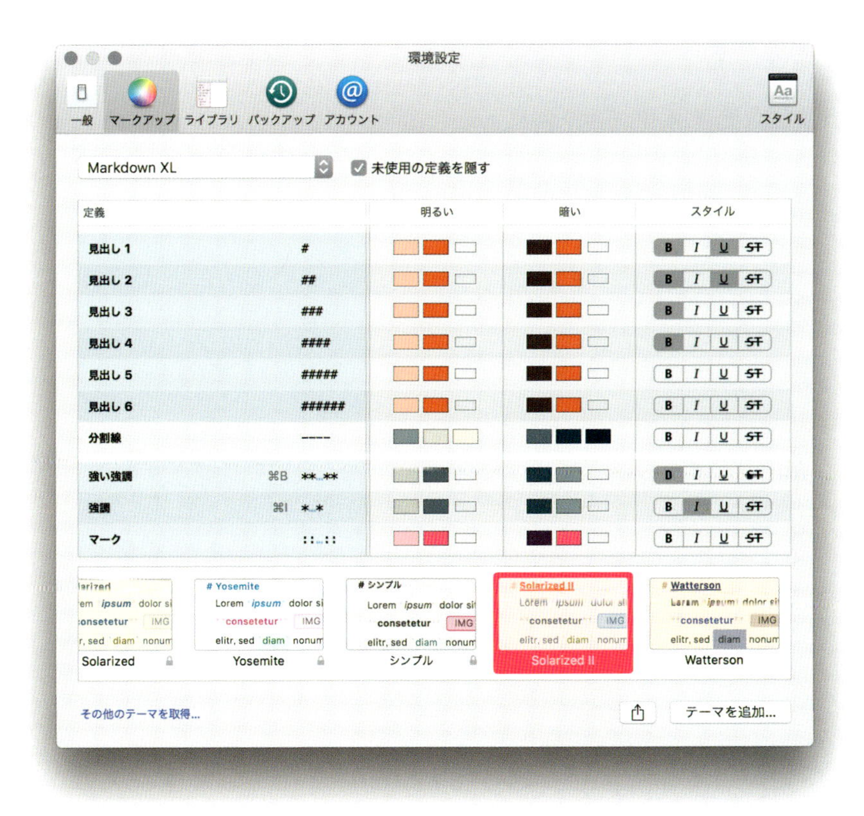

特にMacユーザーはデザインにこだわる方が多いかと思いますが、「Ulysses」についても、お仕着せのデザインで我慢して使うのではなく、自分に合ったスタイルの服装をするのと同じような感覚で衣替えできるので、エディタのデザインに妥協したくない人の気持ちも満足させてくれるはずです。

最小限のカスタマイズ性でありながら気軽に使える「Bear」

「Ulyssesを使うほど本格的に文章を書くわけでもないし、ちょっと金額的に躊躇してしまう……」

そんな人には、「Bear」をおすすめします。「Bear」は、「Ulysses」ほどの機能は備えていませんが、「Ulysses」のような外観でありながら、基本機能は無料で使えるテキストエディタです。

「Bear」は、「Ulysses」ほど多機能ではない分、ほとんど直感的に操作ができます。テーマを変更したり、複数のデバイス間でファイルを同期するには有料の「Pro」版にアップグレードする必要がありますが、年額払いでも執筆時点で1,500円程度と、普通にテキストエディタを購入する場合と同程度の金額ですから、「Ulysses」よりだいぶ気軽に使えます。また、iOS版とMac版のいずれかで「Pro」版を購入すれば、どちらでも「Pro」版の機能が使えるので、お財布にも優しいのがうれしいところです。

基本的にはHTMLが簡易的に表示されており、HTMLタグを使って書くようにテキストを入力していきますが、「Pro」版であればMarkdown記法も使えます。TwitterやInstagramのように、「#」を語句の冒頭に入力して「タグ」を作れるので、ハッシュタグに慣れている人にはかなりとっつきやすいエディタです。タグは、画面の左端の枠内に一覧表示され、タグのある文書へかんたんにジャンプできます。

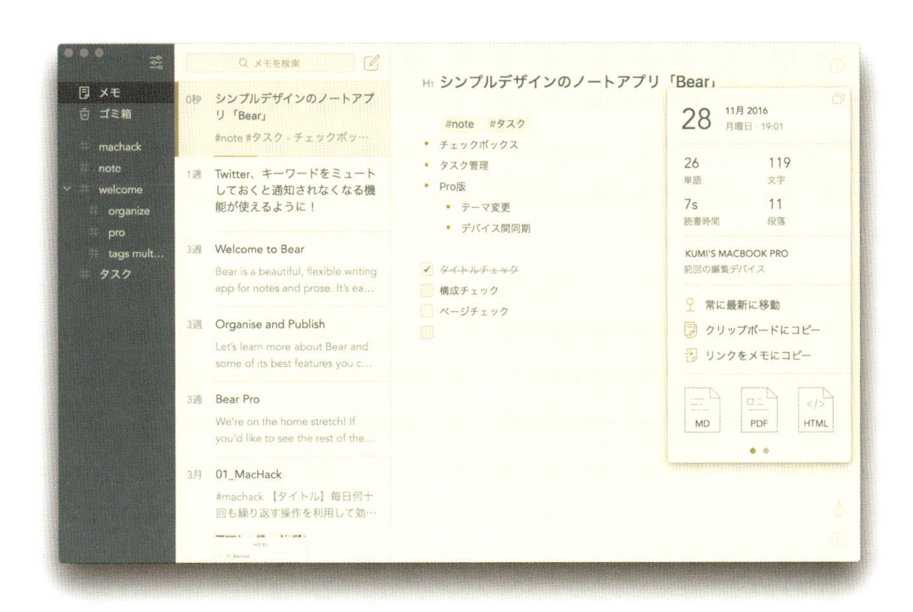

また、「ToDo」リスト作成機能があり、チェックボックス付きのリストをかんたんに作成できます。ToDoリストのみのページを作成して、進捗管理に使ったり、ToDoリストをページの冒頭に入れておき、書くべきことをチェックしながら書き進めていったりと、さまざまな使い方ができます。

書いた後は、HTML形式やMarkdown形式はもちろん、PDF形式やWord（DOCX）形式などにも書き出せるので、趣味のブログの執筆から、仕事の書類作成まで、幅広い用途に利用できます。

テキストエディタ選びでは日本語入力の可否に注意が必要

Mac用のテキストエディタには、シンプルでデザイン性の高いものがたくさんあります。ほとんどの場合、日本以外、おもにアメリカで開発されています。デザインや機能の優れたテキスト編集用のアプリが次々に生まれていますが、1つだけ注意が必要なことがあります。それは、「日本語の入力がきちんとできるか」です。

App Storeで買うことができ、バージョンをいくつも重ねてきている人気のテキストエディタの場合はほとんど心配いらないかもしれません。しかし、バージョンの若い、英語圏で生まれたばかりのテキストエディタの場合、日本語の入力がままならないことがあります。筆者は、「見た目がスタイリッシュということで選んでみたものの、日本語がそもそも入力できない」ということを何度か経験しています。日本のApp Storeでも買えるアプリでそのようなことが起こっている場合、すぐに開発者に連絡して、日本語の特殊な入力方法に対応してくれるようにお願いします。たいていの場合はすぐに対応してくれるのですが、フォントのサイズが日本語向きでないなど、日本語を快適に入力できるようになるまでには至らなかったこともあります。

もちろん、このようなことが頻繁にあるわけではないのですが、筆者のように「どのような段階のアプリでもまず試してみたい」という方以外、テキストエディタはレビューやネット上の評判を確認してから購入するほうがいいでしょう。

本格的な文書作成にチャレンジする　～Pages

ビジネスにはメモもシンプルなテキストエディタも欠かせませんが、やはりもっと本格的にデザインされた文書が求められることもあるでしょう。

標準で利用できるMacの「Pages」は、スタイリッシュで読みやすい文書を作成するための強力なツールです。高機能でクリエイティブな作業をするための環境がしっかりと用意されていながら、非常にシンプルで使いやすいのも「Pages」の特徴です。フォントの選択、文字スタイルのカスタマイズ、画像の挿入などで迷うことはなくなり、文書作成といえばまとわりついていたような「面倒くさいイメージ」がきっと払拭されるはずです。

文書作成用のアプリといえば、Microsoftの「Word」が真っ先に頭に浮かぶでしょう。それほど、「Word」で作成された文書が巷には溢れていますし、「文書を作成する」=「Wordを使う」ことと同義のようになっている点も否めません。しかしながら、せっかくMacを使っているのであれば、使い方次第で、1枚ペラの資料から、複数ページにわたる説明書、デザイン性に富んだパンフレットなど、自在に作成できる「Pages」を使ってみましょう。

「Word」を使い慣れてきた人にとって、「Pages」は使い勝手がいいとはいえないかもしれません。文字の修飾方法や、図の配置方法なども、「Word」とは基本的な操作方法が異なるため、慣れないうちはしかたありません。それでも、いったん慣れてしまえば、じつはとても自由度の高い、便利なツールであることがわかるでしょう。

文書作成の基本を押さえる

まず「Pages」を起動すると、既存の文書を開くか、新しく文書を作成するかを聞かれます。

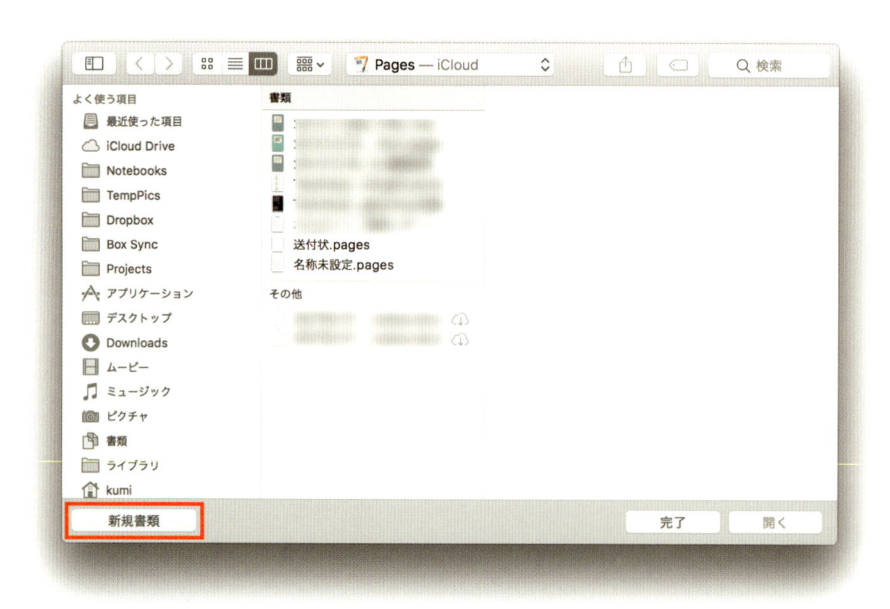

「新規書類」を選択すると、次に、数あるテンプレートの中から、どのタイプの文書を作成するのかを選択する必要があります。まっさらの状態から文書を作成する場合は、「空白」または「空白（横）」を選択しましょう。

あらかじめ注意が必要なことには、「Pages」は「横書き」にのみ対応しているということです。「縦書き」は基本的にはできません。テキストボックスなどを使ってむりやり縦書きにするなどの対応をする以外に、縦書きにする方法はありません。それでも、最近ではビジネス文書の大半は横書きで書かれているので、そう大きな問題ではないでしょう。

「Pages」にあらかじめ用意されているテンプレートは、レポート作成用に段落がシンプルになっているものから、ニュースレターやパンフレットなど写真や図を駆使したうえ複数の段落を使っている凝ったデザインのものなど、多様です。

慣れないうちは、作成したい文書に最も近いと思われるテンプレートを選択して、新しく文書を作成するほうが、空白の状態から作るよりも楽かもしれません。

テンプレートにある図やテキストをクリックして選択してみると、文書の右端に、選択中のオブジェクトに適用されているスタイルなどが表示されます。これらを見ていると、何ができるのかがわかります。

文書の右端に表示される枠のことを「インスペクタ」といいます。「インスペクタ」が表示されていない場合は、「表示」メニュー→「インスペクタ」→「フォーマット」を選択して、「フォーマット」の左側にチェックマークが付いている状態にしてください。

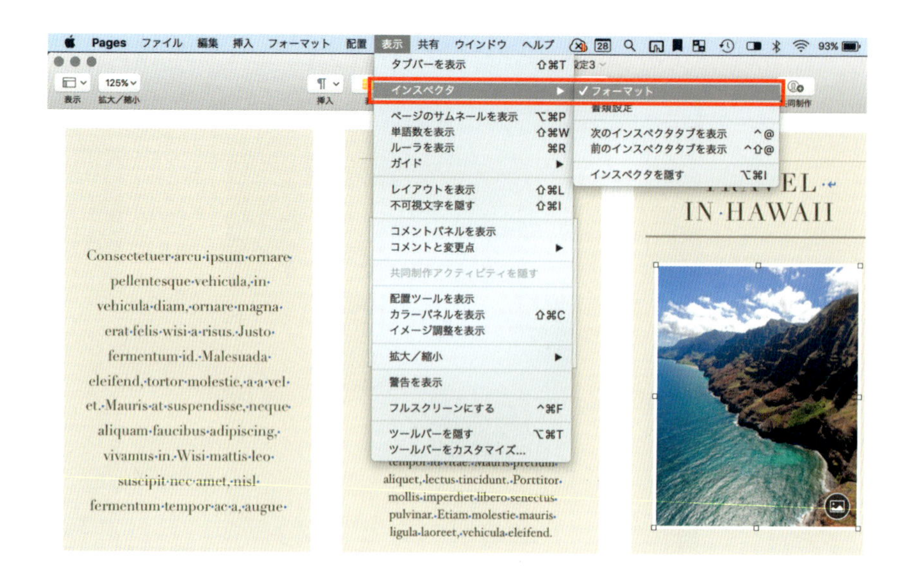

テキストの修飾や図の配置設定などは、すべてこの「インスペクタ」上でおこないます。

写真のほかに音楽やムービーも配置できる

「Pages」には、文書作成のための基本的な機能が備わっていますが、おもしろいのはメディアの扱いです。「Pages」には、写真のほか、音楽とムービーも読み込んで配置することができます。

メディアを文書に配置するには、メディアをページにドラッグ&ドロップするか、ツールバー上の「メディア」アイコンをクリックして、目的のメディアを選択します。

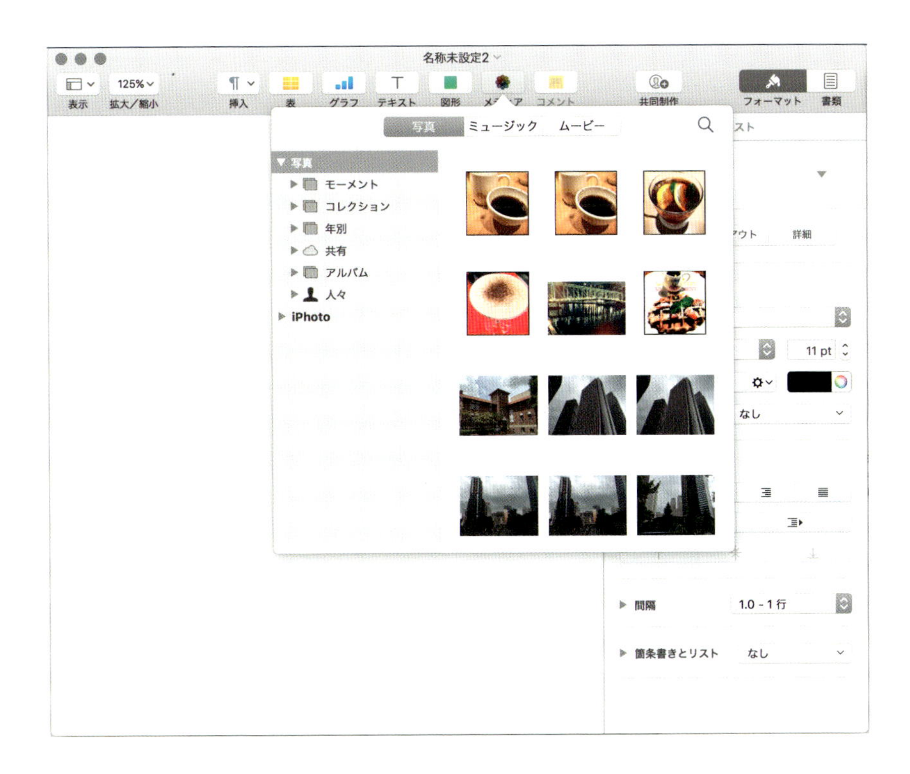

メディアは「プレースホルダー」というメディア配置用のボックス内に入っているという概念で、いつでもほかのメディアと置き換えることができます。ただし、音楽とムービーは、配置してもほかのファイル形式に書き出すときには削除されてしまうので、「Pages」の形式のまま使う場合のみ配置するようにします。

すべてのページの同じ位置に同じオブジェクトが表示されるようにするには

たとえば、会社のロゴなどを常にページの端に表示させておきたい場合、メディアなどのオブジェクトを「セクションマスター」に設定しておくと便利です。「マスター」というのは、複数のページの同じ位置に、常に配置されるオブジェクトを設定しておく機能のことです。オブジェクトを「マスター」に設定しておくことで、「同じオブジェクトを、何度も同じ位置に配置する」という面倒な作業から解放されます。

オブジェクトをマスターに設定するには、オブジェクトを選択した状態で、「配置」→「セクションマスター」→「オブジェクトをセクションマスターに移動」を選択します。

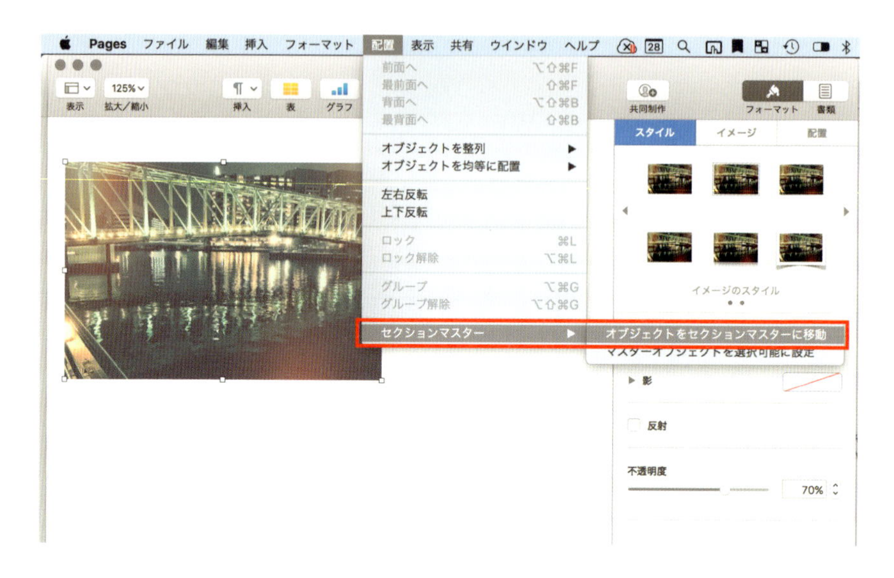

これで、どのページにも、常に同じ位置に同じオブジェクトが表示されるようになります。

このメニュー名が「セクションマスター」という名称であることからもわかるように、セクションごとに別々のマスターを設定することができます。複数のページごとにレイアウトを変えたい場合などに「セクション」で区切るのですが、そのセクションごとに、異なるオブジェクトを置けるということです。

同じ体裁の文書をかんたんに作成できるようにしておく

このように、いろいろと凝った設定も可能な「Pages」ですが、何度も同じような設定をして、同じような文書を作成しようとするなら、「テンプレート」として文書を保存しておくと便利です。いったん文書をテンプレートとして保存すると、次回以降は、そのテンプレートを基にして、同じ体裁の文書をかんたんに作成できるようになります。

文書をテンプレートとして保存するには、「ファイル」→「テンプレートとして保存」を選択します。

第6章

モチベーションが上がるMacの買い方

「いつ買うか?」で悩まない

「欲しくて仕方がないもの」を1つに決めよう

「Macを買うタイミングは、いつがいいでしょう?」

その答えは、いつも同じ。

「欲しいときが買い時」

です。しかし、それでは納得されないでしょう。これはMacに限った話ではなく、それどころかコンピュータに限った話ですらありませんが、それなりのお値段がして、日進月歩の技術に支えられている製品を購入するのは、本当に難しいものです。いつ買っても後悔しそうな気がするからです。

自分が知らないところで突然、新技術が反映されているMacが登場するかもしれない。それも、自分がMacを購入した直後に。
しかも、その新技術こそ、自分に最も必要なものなのかもしれない。
薄くて軽いMacがずっと欲しくて、ようやく最新の軽量ノートを購入したとたんに、もう2㎜薄くて200グラム軽量の新型機種が発表になる——ような気がする。

一度迷い始めると、そもそも自分が欲しかったものが何かすら、わからなくなっていきます。

「そもそも本当に、薄くて軽量でさえあれば、よかったのだろうか?」
「本当は、持ち運びができれば、少し処理速度が速いほうを欲しがっているのではないか?」
「いや、むしろ処理速度はiMacにでも任せて、本当に一番軽いMacを持ち歩き専用に買えばいいのでは？」
「それであれば、もっと薄くて軽いWindows機がある。いっそ、ノートブックだけはWindows機のほうがいいのでは？」
「でも、それだったらiPadやAndroidでもいいのでは？　どのみち、持ち出した先での用途は、資料の確認や、メールのチェックがメインなのだから」

こうやって思考の迷路にはまると、もともと何を考えていたのかすら、だんだんわからなくなっていきそうです。
発想を変えましょう。「もともと欲しくて仕方がないもの」を、まず1つに決めるのです。
そして、「本当にそれを買っても問題ないかどうか？」をチェックして、問題なかったら買う、ということにしましょう。

Macは選択肢が少なく、発売時期がわからない

そもそも、「Macを買いたい」と思ったとき、Windows PCに比べると、Macの選択肢は驚くほど少ないのです。理由はかんたん。Windowsの場合は、WindowsというOSを乗せたPCを、PCメーカーなら基本的にどこでも作ることができますが、Macの場合はAppleという1社のみが、OSもパソコン本体も作っているからです。
「何を今さらそんなことを？」と思うかもしれませんが、Macを買おうとして調べ始めると、その選択肢の少なさにため息をつくことになる可能性があります。
しかし、選択肢が少ないことは、必ずしも悪いことばかりではありません。Windows PCを買おうとする時より、迷わなくて済みます。そして、「欲しい」と思って購入したMacなら、たいていの場合、それで十分満足できるでしょう。だからこそ、「欲しくて仕方がないものを、1つに決める」のがいいのです。
ただ、iPhoneと異なり、Macの場合、いつ新製品が出るのかがわかりま

せん。iPhoneの場合は、毎年9月頃に新型の発表があり、予約の受付開始日時もわかります。一方、ここ数年のMacの場合は、ある日突然、新型のMacBookがApple Storeに登場することがほとんどです。以前は、MacBookも発表会で華々しく紹介されて、「いつから予約できるのか」とそわそわして待てたのですが、最近ではある日突然、Apple Storeに登場することがほとんどです。

ですから、「Macが欲しいけれども、いつが買いどきか」という質問には、たいてい「欲しいと思ったときが買いどき」と答える以外にないのです。「欲しい」と思ったときは、「必要なとき」でもあり、その時期を逃さずMacを買ったなら、目的を達成できる可能性が高く、「買ってよかった！」と思えるからです。

どんなMacを買えばいいか

最新型がいいか、旧型にするか

「よし、それなら今すぐに買おう」

となったとき、次に迷うのが、発売されたばかりの最新型がいいのか、旧型にするのかです。
Macの場合、旧型といっても価格が安くなっていることは少ないのですが、それでも最新型を購入するよりは数万円安いことがあります。数万円の違いを気にせず最新型を購入できるなら迷わないかもしれませんが、

「その数万円で、周辺機器も購入できるかもしれない」

などと考え始めると、どんどん迷いが出てくるものです。
最新型の機能が、自分にとって必要なもので、それこそがMacを購入する理由であるならば、迷う必要はありません。その時発売されている最新型を購入するべきです。でも、たとえばテキスト入力がメインの目的であれば、最新型の機能やパワーは必要ないかもしれません。また、Mac自体が最新型であっても、現在使っている、または使う予定のあるアプリが、最新型のMacに対応した機能を提供していないのであれば、オーバースペックにもなります。

「Macで、自分はどのような作業をしたいのか？」

それを書き出してみると、最新型がいいのか、旧型でもいいのかが判断しやすくなります。

目的を洗い出して優先順位を付けよう

「軽量で薄いMacBookが欲しいと思っていたけれど、MacBookは非力だと言う人もいるな。それなら、MacBook Proかな。でも、MacBook Proだとだいぶ重くなるな、しかも金額も高くなっちゃう？」

たいていは、買おうとするMacについて調べていくうちに、このように悩み始めることになります。

「機能面すべてを満足させると、当初の予算を大幅に上回ることになった」
「予算を優先させてみたら、やりたかったことをやるにはパワーが足りなかった」

など、最後には結局どうでもよくなったりしてしまいかねません。
まずは目的をはっきりさせましょう。

- **とにかく、毎日往復8kmの道のりを持ち運ぶ予定だ**
- **大きい画面でウィンドウをたくさん並べて作業したい**
- **メインマシンとして、画像も動画もガシガシ編集する**
- **予算は決まっているので、その範囲でできるだけパワーのあるマシンが欲しい**

目的がはっきりすると、重視するべき項目の優先順位が決まってきます。

- **軽さ（携帯性）**
- **画面サイズ**
- **パワー（処理能力）**
- **価格**

もちろん、「『軽さ』と『パワー』の両方が欲しい」などの希望も出てきますが、重視するべき項目はせいぜい3つ程度に絞ることをおすすめします。

旧型でもいいならばApple Storeの「整備済製品」を狙う

目的を洗い出し、優先順位をつけた結果、「旧型のMacでもいい」という結論が出たならば、Apple Storeで購入できる場合があります。Apple Storeでは、旧型のMacは中古ではなく「整備済製品」となります。「整備済製品」は、新品価格より安く購入することができますが、新品と同じように1年間の特別保証も付いているうえ、有償の延長保証「AppleCare Protection Plan」も付加することができます。「なるべく安く買いたい」というときに、欲しいスペックのMacをお得に購入できて非常に魅力的です。

ただし、「整備済製品」はいつでもあるわけではありません。人気も高いため、目当ての製品が出ても、すぐに売り切れてしまいます。こまめに公式サイト（以下）をチェックする必要があります。

http://www.apple.com/jp/shop/browse/home/specialdeals/mac

「整備済製品」ページには、Mac以外にも、iPadやApple TVなどのApple製品が登場することがあります。そちらもあわせて見てみる価値はあります。

RAMを増やしておこう

どのMacを購入するにしても、次に「カスタマイズするかどうか」で悩むかもしれません。動画を多く扱うなら、ハードディスク（またはSSD）の容量を増やしたほうがいいかもしれませんし、パワーが必要ならRAM（メモリー）を増やすのが有効です。

おすすめは、RAMつまりメモリーを増やしておくことです。メモリーは、複数のアプリを同時に起動したり、写真や動画などを編集したりする際、一気に使用率が高まります。メモリーが足りなくなると、とたんにアプリの処理能力が落ちて、画像ファイル1枚を開くのにも時間がかかるようになったりします。ブラウザだけを使うとしても、多数のタブを開いていたら、すぐにメモリーの使用率が最大になってしまいます。

MacBook ProやiMacは後からメモリーを追加できますが、その作業に慣れていなければ、どの種類のメモリーを買えばいいのか、どのような作業が必要なのかをまた調べなければならず、けっこうな手間です。それならば、最初からメモリーを最大に増やしておくほうが楽です。

残念ながら、MacBookやMacBook Airではメモリーの選択肢はなく、追加することもできません。購入の際は、自分の目的に合っているかどうかをよく考える必要があります。

column

筆者はどうやって自分のMacを選んだか

筆者は、MacとWindowsの両方を使ってきましたが、ここ数年は長らく、iMac1台をメインマシンとして利用してきました。21.5インチという画面サイズは、自宅兼仕事場では大きすぎず小さすぎず絶妙なサイズ感でしたし、仮想のWindows環境を作ってMacとWindowsの両方の機能を持たせても十分なパワーもありました。仕事ではWindowsが必須だったのですが、Macの画面表示の美しさにどうしても抗えず、「Windowsを使った仕事をする時以外は、Macの画面を見ていたい」と思ったのです。

iMacを選んだのは、大きな画面サイズと、複数のソフトウェアを同時に起動していても十分なパワーがあり、ハードディスクの容量もMacBook Proなどより大きかったからです。それでいて、MacBook Proよりも購入金額を抑えることができました。「作業は、必ずiMacの前に座ってする」ということにも不満はありませんでした。

ところが、3年ほど前から、Windowsを必須とする仕事が減り、Macのみを使っていても問題がなくなってきました。また、執筆の仕事が増え、「時には気分を変えて、別の部屋やカフェなどで仕事をしたい」と思うようになってきたのです。

そうなったとき、iMacでは「持って歩く」というわけにはいきません（笑）。そこで、メインのマシンとしても使えるけれど、持ち運びもできるコンパクトさを兼ね備えているMacBook Proを購入しました。画面サイズは13インチ。15インチのWindows PCを持っていたことがありますが、15インチはかなりの圧迫感があり、かんたんに持ち運べるサイズではなかったので、13インチを選択したのです。

しかしこのMacBook Pro、1.6kgという重量があります。ひと昔前のノートパソコンに比べればずいぶん軽くなったとはいえ、このMacBookを持って10km近くの距離を歩くという日が続いた時、首と肩だけでなく腰への負担もかなりのものになりました。そして、「この距離を持ち歩いても無理のない、軽いMacBookが欲しい」と思い始めました。

ちょうど、MacBookに「ローズゴールド」というカラーが追加されたので、軽さと色を重視してこれを購入。外出先でやることはテキスト入力がメインで、画像編集が少々と割り切っていたので、最小スペックのままでカスタマイズはしませんでした。

このように、筆者自身も、ワークスタイルやライフスタイルに合わせて、そのときどきで最も重視することを決めて、購入するMacを選択してきました。「自分は何を重視するのか」で優先順位を付ければ、それほど迷わずに自分のためのMacを選べるでしょう。

どこで買うのがおトクなのか

購入時に気をつけるべきポイントはわかった。
購入するMacも決まった。
さあ、後は買うだけ！

そうなったとき、さて、どこで買ったらいいでしょう？
「Apple Storeでいいのではないか」と思う人も多いでしょう。実際、筆者もApple Storeで購入したことが一番多いくらいかもしれません。
しかし、MacはなにもApple Storeだけで売っているわけではないし、そこで買うのが唯一の正解とも限りません。「現金で買うか、カードで買うか」「カードなら、一括で買うか、分割で買うか」など、「どうやって買うか」によっても話が変わってきます。

カスタマイズするならApple Storeしか選択肢がないことも

Macは、Apple Store（オンライン含む）のほか、家電量販店などでも購入できます。

「ポイントカードを持っているから、特定の家電量販店で買いたい」
「買ってすぐに持って帰れる店で買いたい」
「なるべく安い店を比較して、ネット通販を利用して買いたい」

など、さまざまな方法があります。
ただし、自分の欲しいスペックにカスタマイズしたい場合、たとえばメモリーを増やしたり、ハードディスクの容量を変えたり、USキーボードを選択したい場合は、Apple Storeで購入します。
突然、「USキーボード」という言葉が出てきましたが、通常、家電量販店などで販売されるMacには、日本語入力に適したJISキーボードが使われています。日本語を入力する限り、JISキーボードが便利なことは確かなのですが、筆者はキーボードのキートップにごちゃごちゃと文字が書いてあるのが好きではないため、スッキリとしたデザインを重視してUSキーボードを選択しています。これは、Apple Storeでのみ可能なカスタマイズなので、必然的にApple Storeで購入することになるのです。

Apple Storeなら低金利でショッピングローンを利用できる場合が

Macは高額の買い物になるので、支払い方法をどうするかでも悩むかもしれません。現金で一括で支払えるにこしたことはありませんが、分割で買いたい場合もあるでしょう。カード会社によっては、分割での支払いができる場合がありますが、分割にすることによって多くの利息がかかります。すると、結果的に支払い総額が当初の予算を超えることになる可能性もあるわけです。

そのような事態を避けるためには、Appleのショッピングローンを利用する方法もあります。Apple Storeでは、年に何度か、「ショッピングローンの分割金利実質0%」というキャンペーンを実施しています。0%まではいかなくとも、カード会社の分割金利よりはずっと低い分割金利のキャンペーンをおこなっている場合もあります。支払い回数の上限が12回だったり24回だったりと、キャンペーンによって異なりますが、分割金利が0あるいは非常に少額で済めば、ずいぶんと助かります。これは、Appleが分割金利を負担してくれるというものです。このキャンペーンは常にやっているわけではなく、新製品の発売前後や、新学期前などに実施されることが多いようです。もちろん審査はありますが、問題がなければすべてオンライン上で手続きが済むので、検討する価値はあります。

注意すべきは、iOSアプリ版Apple Storeでは、ショッピングローンの申し込みができない点です。Apple Storeのショッピングローンで支払いたい場合は、パソコンのブラウザから手続きをしましょう。

索引

K

L

M

O

P

R

S

T

U

V

W

け

こ

さ

し

す

せ

り

れ

ろ

[著者紹介]

佐々木正悟（ささき・しょうご）

心理学ジャーナリスト。専門は認知心理学。1973年北海道旭川市生まれ。1997年獨協大学卒業後、ドコモサービスで派遣社員として働く。2001年アヴィラ大学心理学科に留学。2005年に帰国。
著書に『なぜ、仕事が予定どおりに終わらないのか?』『iPhone情報整理術』(技術評論社)、『スピードハックス』(日本実業出版社)、『先送りせずにすぐやる人に変わる方法』(中経出版社)などがある。
ブログ「シゴタノ!」で連載中。

ホームページ　https://nokiba.github.io/
Facebookページ　https://www.facebook.com/nokiba77/
Twitter　@nokiba

海老名久美（えびな・くみ）

テクニカルライター／技術翻訳者。東京生まれ。日本女子大学卒業。
出版社勤務時代に、数十冊にのぼる解説書の執筆に携わる。現在は、フリーランスとして書評やアプリに関する記事を多数執筆しているほか、英語学習書の翻訳や執筆協力なども行っている。企業向けにテクニカルライティングの指導セミナーも数多く実施。Macには、1996年に職場でDTPが導入され、DTPオペレーターとして仕事を始めたころから慣れ親しんでいる。著書に『Mac Hack ～Macユーザーのための「超効率」仕事術～』(共著)、『ポケット百科 Googleサービス 知りたいことがズバッとわかる本』(翔泳社)、『「次もよろしく!」と言われるための仕事術』(株式会社インプレスコミュニケーションズ)などがある。

ブログ　http://speaq.jp/
Twitter　@kumiab
Instagram　kumiab

[装丁・本文デザイン]
水戸部 功
[DTP]
SeaGrape
[編集]
傳 智之

お問い合わせについて

本書に関するご質問は、FAXか書面でお願いいたします。電話での直接のお問い合わせにはお答えできません。あらかじめご了承ください。下記のWebサイトでも質問用フォームを用意しておりますので、ご利用ください。ご質問の際には以下を明記してください。

・書籍名　・該当ページ　・返信先（メールアドレス）

ご質問の際に記載いただいた個人情報は質問の返答以外の目的には使用いたしません。お送りいただいたご質問には、できる限り迅速にお答えするよう努力しておりますが、お時間をいただくこともございます。なお、ご質問は本書に記載されている内容に関するもののみとさせていただきます。

問い合わせ先

〒162-0846　東京都新宿区市谷左内町21-13
株式会社技術評論社　書籍編集部
「たった1日で即戦力になるMacの教科書」係
FAX：03-3513-6183
Web：http://gihyo.jp/book/2017/978-4-7741-8866-9

たった1日で即戦力になる Macの教科書

2017年 3月 25日　初版　第1刷発行

［著　者］　佐々木正悟、海老名久美
［発行者］　片岡 巌
［発行所］　株式会社技術評論社
東京都新宿区市谷左内町21-13
電話　03-3513-6150　販売促進部
03-3513-6166　書籍編集部
［印刷・製本］　日経印刷株式会社

定価はカバーに表示してあります。

造本には細心の注意を払っておりますが、
万一、乱丁（ページの乱れ）や落丁（ページの抜け）がございましたら、
小社販売促進部までお送りください。送料小社負担にてお取り替えいたします。
ISBN978-4-7741-8866-9　C3055　Printed in Japan